邏輯與設基法

劉福增 著　東大圖書公司 印行

ⓒ 邏 輯 與 設 基 法

著作人　劉福增
發行人　劉仲文
著作財
產權人　東大圖書股份有限公司
　　　　臺北市復興北路三八六號
發行所　東大圖書股份有限公司
　　　　地　址／臺北市復興北路三八六號
　　　　郵　撥／〇一〇七一七五──〇號
印刷所　東大圖書股份有限公司
總經銷　三民書局股份有限公司
門市部　復北店／臺北市復興北路三八六號
　　　　重南店／臺北市重慶南路一段六十一號
修訂版　中華民國七十一年　三　月
再　版　中華民國八十三年十二月
編　號　E 15004
基本定價　貳元捌角玖分
行政院新聞局登記證局版臺業字第〇一九七號

ISBN 957-19-0209-8 （平裝）

修訂新版序

　　本書初版以來，我一直把它當作在臺大教的基本邏輯（理則學）課程，除了課本以外最主要的參考用書。我覺得這本書給學生很大的方便。他們可以從本書得到課本上沒有的參考讀物和資料。

　　現在本書交給東大圖書公司，重新排版發行。我利用新排版的方便，把全書從頭到尾做了徹底的修正。本書原名是《邏輯探討》，現在改為《邏輯與設基法》。因為本書最後一篇〈設基法要義〉佔全書很重要分量，我認為，沒有比這個新名稱再適當的了。我的臺大同事林正弘教授建議我修改原名，我便想了這個名稱。

劉　福　增

國立臺灣大學哲學系

1982 年 2 月 12 日

序

　　一般基本邏輯教科書，由於篇幅限制或是作者未能察覺，對所論列的一些觀念和問題，時常未能深入分析和討論。我準備從研究和教學所得，把這類概念和問題，做一系列詳細而深入的探討。本書就是收集這類探討的一些論作編成的。這類探討，不僅僅是解說性的，相信還包括個人一些創見性的東西。我希望這些探討能提供學邏輯的學生和教邏輯的教師一些參考。

　　我的學生楊正綸、王自偉和李文馨在本書的校對上，幫了很多忙，謝謝她們。

　　本書要獻給我年邁的母親。先父和她的祖先，既沒有交給她一分銀角，也沒有交給她一寸耕地。她僅僅靠她的雙手，終年在風吹日曬下做雜工，把孩子養大。她從不要孩子給她什麼。她的希望很簡單：孩子們的健康和快樂。她的人生哲學也很簡單：敦親睦鄰，工作，靠雙手辛勞地工作，做後生（孩子）的奴才。

劉　福　增

國立臺灣大學哲學系

1976 年 3 月 27 日

邏輯與設基法　總目次

I 論證與推演

一

　　人的日常推理（reasoning）活動，是一種複雜的思想活動❶。這種複雜可以從兩方面來說。從縱的方面說，指其步數的繁多和線索的糾折。從橫的方面說，指其種類的繁多和樣態的混歧。本文將從橫的方面來研究推理活動的種類和樣態。在這研究裡，我們將把重點放在從邏輯和知識論的觀點上看，其中兩種最重要的樣態。這兩種樣態就是論證（arguments）❷和推演（inferences）❸。

　　這種從橫的方面來分析推理的樣態，是非常重要的。可是，這重要性，向來被人忽略。每一種推理樣態都具有異於他種推理樣態的特性。當我們做推理活動時，如果不能認清楚其樣態的類別，則在其性質的徵別上，很可能張冠李戴。譬如，當我們做的是甲種樣態的推理活動，可是卻誤認為是做乙種樣態的推理活動時，很可能把不相干的此乙種樣態推理的性質移過去考慮。或者譬如，當我們在做多樣的推理活動時，本來應同時考慮到各該樣態的性質，但我們卻只考慮到其中一種或數種的性質。或者又如，所討論的性質明明只有甲種樣態的推理所具有，而我們卻誤認為乙種樣態也具有。等等諸如此類的錯誤或不當，大半都是由於不能適當地辨

❶　本文原載 1971 年 7 月出版，國立臺灣大學《哲學論評》第一期。1976 年 3 月 27 日修訂。
❷　我曾在《水牛雜誌》（第 2 期）（1969 年 3 月 1 日出版）寫過一篇＜論證的分析＞（現已收入我的文集《邏輯觀點》）。那篇文章的重點，放在論證本身的分析。本文則着重論證與推演的比較。本文有異於前文的見解。又成中英，林正弘和葉新雲幾位先生，曾給本文有用的批評，在此致謝。
❸　在中文裡也常用「推論」一詞。我本人把推論和推演當同義詞用。也許有人把推論當推理的同義詞呢。

認推理樣態的種類而引起的。爲了消除這類錯誤和不當，我們必須仔細和深入研究推理的種種樣態。

邏輯與設基法 I

二

推理的活動，包含思想的心理活動過程和語言的邏輯運作，這兩大部分。以下我們將只研究語言的邏輯運作部分。

如上面說過的，推理活動的樣態繁多。其中推理的邏輯運作的樣態也不少。這其中最重要和最基本的兩種，就是論證和推演。這兩種推理樣態，像一對孿生子，形貌非常相像。因此，有許多人常誤認它們是同一個人。其實它們還是兩個截然不同的「人格」。

在我們日常討論和科學的推理和論斷中，有一種常見的思想樣態。那就是，用一句或多句話之眞或道理，來保證或支持某一句話之眞或道理❹。例如，一個生物老師可能在課堂上這麼說：

所有的狗都是溫血動物。所有的溫血動物都有中樞神經系統。

所以，所有的狗都有中樞神經系統。

在這裡，這位生物老師是拿第一、二兩句話之眞，來保證或支持第三句話之眞的。他在這裡所表現的思想樣態就是一個論證樣態。或者更適當地說，我們就把這種思想樣態稱爲論證樣態。論證思想樣態的語言或符號（包括聲音）的表現，就是論證。也就是說，論證是論證思想樣態的語言（包括符號）形態。那麼，這是一個怎樣的形態呢？

顯然，這種形態是語言層面的。因此，那些只停留在心裡的或意識狀態中的所謂不言詮的心證或悟證，不是我們這裡所謂的論證。論證必須是論證思想樣態的具象化或客觀化。爲討論方便起見，我們把這種具象化或

❹ 我們用「保證或支持」，爲的是考慮到演繹論證和歸納論證。本文討論的論證和推演，兼指演繹和歸納兩者。

客觀化的東西稱為語句。這樣，我們所謂論證，寧可說是表現那論證思想樣態的語句，而不是語句所表現的那些思想樣態。因此，所謂論證，是語言層面的。或者更嚴格地說，我們平常所處理的只是語言層面的論證。不過實際上，思想活動與語言表現，常常是同時進行的。但是，無論如何，這兩者應予分開。至少在邏輯研究上，我們應該如此。

由此可知，論證是由語句所構成的。

構成一個論證的語句，可分成兩類。一類是一個語句，叫做結論（conclusion）；另一類是其他語句，叫做前提（premises）。所謂結論，是指在一個論證單位中，被我們斷說（assert）為真的語句，而此斷說就是我們所以構作此一論證的目的。也就是說，所謂結論，是指在論證中那個被保證或被支持的語句。所謂前提，是指在一個論證單位中，為保證或支持結論之真而被認定為真的語句。譬如，在前舉的論證例子中，第一、二兩句為前提，而第三句為結論。

論證雖然是由語句所構成的，但是僅僅事實上擺在一起的一些語句組，並不就是一個論證。譬如，試看下面一段話：

如果今年春雨來得早，則我家大姐將出嫁。我家大姐將出嫁。
今年春雨來得早。

這三句話雖然寫在一起，但是它們合起來並不構成一個論證。因為它們只是個別斷說，彼此之間並沒有任何保證被保證或支持被支持的關係。這一例子告訴我們，一個論證除了需要語句以外，似乎還要別的東西。試看下面一段話：

如果今年春雨來得早，則我家大姐將出嫁。我家大姐將出嫁。
所以，今年春雨來得早。

這三句話構成一個論證。它除了在第三句話前面多了「所以」兩個字以外，其它都跟前述一段話完全一樣。但是，有了這兩個字（或更嚴格地說，這兩個字所顯現的思想樣態）以後，這一段話的思想樣態，就和前一

段話的完全不同了。在後一段話裡，除了有擺在一起的三句話以外，更重要地它還顯示出，某某、某某語句合起來保證或支持某某語句這一思想樣態。這個顯示在前一段話裡是沒有的。有沒有這個顯示，就是有沒有論證存在的分別所在。這「所以」或其他可能的同義語，把這三個語句「看在一起」，並「顯示」其中的保證被保證或支持被支持的關係。在把這三個語句「看在一起」時，就把它們形成一個集合——語句集合；而在「顯示」那種關係時，我們就把這個集合的語句分成兩類，並且賦與這兩類以某種關係。由此可見，一個論證的構成因素，除了需要一些形象化的語句以外，還需要某種抽象作用。這抽象作用共計三層。一層是把一些語句看成一集合。另一層是把這個集合的語句分成兩類——即前提和結論。再一層是賦與前提與結論之間的保證關係或支持關係。在日常語言裡，這個抽象作用常用「因為」以及其同義語來表示（在數理系絡裡也常用符號「∵」「∴」來表示。）像這些表示這種抽象作用的字眼或符號，可以叫做論證抽象詞（號）（argument abstractors）或論證指示詞（號）（argument indicators）。我們現在試給論證抽象詞設計一個新的記號：

$$\{\cdots \Vdash \cdots\}$$

在這個記號裡，成對的括波「{」和「}」表示把括波內的語句看成一個集合。其意義和普通表示集合的符號完全一樣；括波內的符號「⊩」（唸成雙柵號或論證號）表示把括波內的語句分成兩類，其中，左邊的為前提，右邊的為結論。這樣，設有一論證，其前提為 $P_1, \cdots, P_n$ 結論為 Q。那末，我們可把它寫成：

$$\{P_1, \cdots, P_n \Vdash Q\}$$

有幾點要注意。第一，雙柵號「⊩」左邊的語句，至少要有一個，而其數目也必須是有限的。因為所謂論證，一定是存於語句與語句之間的保證或支持關係，如果沒有前提，就無所謂保證或支持了。同時，如果前提有無限多個，這一論證的可接受性就無法判定了。第二，雙柵號「⊩」左

邊語句的次序可以不計。 第三, 雙柵號 「⊩」右邊, 有而且只有一個語句。也就是說, 一個論證有而且只有一個結論。

由上面的討論, 我們可以得知, 設 $P_1, \cdots, P_n, Q$ 都是語句。那末,

$$P_1, \cdots, P_n, Q$$

不是論證, 而

$$\{P_1, \cdots, P_n \Vdash Q\}$$

才是論證。在論證 $\{P_1, \cdots, P_n \Vdash Q\}$ 中, $P_1, \cdots, P_n, Q$ 表示形象化的語句, 而 $\{\cdots \Vdash \cdots\}$ 表示一種抽象作用。其中分三層, $\{\ \}$ 表示一層, 而⊩表示兩層。這些就是論證的構成要素。

三

從邏輯和知識論的觀點看, 論證有一個最重要和最令人感興趣的問題。這個問題就是: 前提的確能夠保證或支持結論嗎? 我們把其前提的確能夠保證或支持其結論的論證, 稱爲**健全的** (sound) 論證。反之, 把其前提並不的確能夠保證或支持其結論的論證, 稱爲**不健全的** (unsound) 論證。那末, 究竟在怎樣的情況下, 一個論證的前提才能夠的確保證或支持其結論呢?

在回答這個問題以前, 我們首先要問, 這裡所要保證或支持的到底是什麼? 眞假的眞也。好了, 現在我們可以回答前面一個問題了。那就是, 當前提的眞對結論的眞具有保證性或支持性時, 我們就說前提的確能夠保證結論。那末, 這裡所謂保證性或支持性究竟是指什麼呢? 當而且只有當前提和結論具有下述性質時, 我們就稱前提對結論具有保證性或支持性:

(1)前提本身具有保證力 (資格)。

(2)前提的眞能夠輸送或傳遞給結論。

(3)結論本身具有可保證力（資格）。

我們先討論上述(1)，和(3)兩項。

所謂前提本身具有保證力，是指前提至少要有眞的可能。也就是說，前提要爲一致（consistent）。如果前提沒有爲眞的可能，亦卽前提如果爲不一致（inconsistent），則前提不具任何眞性。沒有眞性就沒有保證結論爲眞的能力和資格。如果沒有保證力，而我們卻拿來做保證或支持，自然就不能保證或支持什麼。既然不能保證或支持什麼，而我們卻拿來保證或支持，自然就不健全了。所以，「前提要爲一致」是一個論證要爲健全的一個必要條件。

其次，所謂結論本身具有可保證力，是指結論至少要有爲眞的可能。也就是說，要爲一致。如果結論沒有爲眞的可能，亦卽如果結論爲不一致，則拿什麼東西來保證或支持它，也不會使它爲眞，而我們卻認爲可以使它爲眞，這自然就不健全了。所以，「結論要爲一致」，也是一個論證要成爲健全的一個必要條件。

現在我們來看上述第(2)項。那就是前提的眞能輸送給結論。所謂前提的眞能夠輸送給結論，是什麼意思呢？我們可以把這想成是前提爲眞時結論不可能爲假。在邏輯上，我們常稱一個論證爲**有效**（valid），當其前提爲眞時其結論不可能爲假。

那麼，我們要怎樣才知道前提爲眞時結論不可能爲假呢？在不是很複雜的情況下（所謂複雜可能因人而異），通常可依直覺來決定。譬如，我們再看前面生物老師所講有關狗的論證：

> 所有的狗都是溫血動物。所有的溫血動物都有中樞神經系統。
>
> 所以，所有的狗都有中樞神經系統。

我們只要瀏覽一下這個論證，就可知道，當其前提爲眞時其結論不可能爲假。我們再看前面有關我家大姐出嫁的論證：

> 如果今年春雨來得早，則我家大姐將出嫁。我家大姐將出嫁。

所以，今年春雨來得早。

同樣，只要稍加思索，我們就可以知道，這個論證的前提爲眞時，結論可能爲假。但是，通常我們遇到的論證不會那麼簡單。譬如，我們經常會遇到像下面這般複雜程度的論證：

大貝湖和墾丁公園，阿土不會都去露營，除非阿蘭也一同去。

阿蘭不會一同去，除非她喜歡阿土。

阿土去墾丁公園露營，但阿蘭不喜歡他。

所以，阿土不去大貝湖露營。

這個論證的前提只有三句話。但當這些前提爲眞時，結論是否不可能爲假呢？現在就不是一覽之下，就可以知道的了。因此，如果我們要主張，當這些前提爲眞時其結論不可能爲假，則我們務必要想辦法讓人「相信」和「明白」情形果眞如此。用普通的話說，就是要「證明」給人看。我們可以這樣一步一步證明給人看：

如果：(1) 大貝湖和墾丁公園，阿土不會都去露營，除非阿蘭也一同去。

則 ： (2) 如果大貝湖和墾丁公園，阿土都去露營，則阿蘭也一同去。

如果：(3) 阿蘭不會一同去，除非她喜歡阿土。

則 ： (4) 如果阿蘭一同去，則她喜歡阿土。

如果：(5) 阿土去墾丁公園露營，但阿蘭不喜歡他。

則 ： (6) 阿蘭不喜歡阿土。

如果： (4)和(6)

則 ： (7) 阿蘭沒有一同去。

如果： (2)和(7)

則： (8) 大貝湖和墾丁公園，阿土不會都去露營。

如果： (5)

則 ： (9) 阿土去墾丁公園露營。

如果： (8)和(9)

則 ： (10) 阿土不去大貝湖露營。

這樣，從前提出發，一步步顯示，直至得到結論為止。只要我們有點耐心跟着這個顯示去看，則我們一定會明白，為什麼前面的話為眞時，後面的話也為眞。上述「如果…則，如果…則」的展開序列，就是一般所謂推演 (inference)。

現在我們要研究一下，推演是由那些要素所構成的，以及推演所顯示的思想樣態到底怎樣。

推演是根據心理的（或直覺）清晰原理，以及根據邏輯原理，所寫成的一個語句序列 (sequence)。這個序列至少要有兩個分子。也就是說，至少要有兩個語句才能夠構成一個推演。單單一個語句，無所謂「推」，也無所謂「演」。既然推演是一個語句序列，那末，在推演中的語句，是按次序出現的。因此，同一組語句，如果排列次序不同，自然構成不同的序列或不同的推演。推演中語句序列是根據心理的清晰原理和邏輯原理來排列的。或者說得更嚴格些，推演的提出者至少認爲他是根據心理的清晰原理和邏輯原理來安排這個序列的。推演序列的語句分爲兩類。一類是當做推演出發點的語句，我們可稱它為**設提** (assumptions) 或**前提**。另一類是根據心理的清晰原理和邏輯原理，從設提直接或間接導出來的語句，我們可稱它爲**導句** (derivatives)。這裡所謂從設提直接導出來的語句，是指僅僅從設提導出來的語句而言。所謂從設提間接導出來的語句，是指從設提或和導句導出來的語句而言。最後一個導句，也叫做**歸結** (consequence)。爲討論方便起見，我們將把推演序列中歸結以外的部分稱爲**前節**。在前節中，設提並不一定都在導句之前。當然第一個語句一定是設提。

要研究推演這思想樣態的特色，最好從比較論證和推演的異同做起。

現在我們先給推演介紹一種記法。我們把推演

$$A_1, \cdots, A_n, B$$

記作⑤

$$<A_1, \cdots, A_n \vdash B>$$

我們用括方「<」和「>」來表示圍在裡面的語句是一個序列。但不是所有的語句序列，都是推演。序列的提出者根據心理的清晰原理和邏輯原理所提出的語句序列，才是推演。我們用單柵號「⊢」來表示兩層意思。一層是表示，這個語句序列是根據心理的清晰原理和邏輯原理而構作的。另一種是表示，這個記號左邊的是前節，右邊的是歸結。

　　關於推演有一個很重要的問題。那就是，一個推演語句序列真的是根據心理的清晰原理和邏輯原理所寫成的嗎？我們稱真的根據心理的清晰原理和邏輯原理所寫成的推演語句序列為有效（valid）；否則為無效（invalid）⑥。顯然，這麼一來，我們一定要問什麼是心理的清晰原理和邏輯原理了。在此以前，我們一直把心理的清晰原理和邏輯原理並提。可是現在我們要不加論證就說，我們所謂心理的清晰原理是可化成邏輯原理的。因此，以後我們將僅僅使用邏輯原理了。那麼什麼是邏輯原理呢？我們這裡所謂的邏輯原理是一些規則（rules），這些規則具有輸送真性的力量。在本文裡，我們不仔細研究邏輯原理，因為我們討論重點在比較論證和推演的異同，而不在邏輯原理本身。

四

　　好了，現在讓我們開始比較論證和推演。

---

⑤　記號 $<A_1, \cdots, A_n \vdash B>$ 與一般所用的 $A_1, \cdots, A_n \vdash B$ 不同。後者一般指 B 可從 $A_1, \cdots, A_n$ 導出來，至於要經由什麼途徑在所不同。但是 $<A_1, \cdots, A_n \vdash B>$ 却表示了實際已經做出的導出過程。

⑥　注意，我們也用「有效」和「無效」來表示論證的一個重要性質。

㈠論證和推演雖然都是由兩個以上的語句所構成的集合，但前者是語句所成的集合，而後者則是語句所成的序列。我們舉個情形來顯示這一點。例如：

$$\{P_1, P_2, P_3 \Vdash Q\} \ = \ \{P_1, P_3, P_2 \Vdash Q\} \ = \ \{P_3, P_1, P_2 \Vdash Q\}$$
$$= \cdots$$

但是

$$\langle A_1, A_2, A_3 \vdash B \rangle \ \neq \ \langle A_1, A_3, A_2 \vdash B \rangle \ \neq \ \langle A_3, A_1, A_2 \vdash B \rangle \ \neq \cdots$$

也就是說，在一個語句集合裡，只要我們能夠區別那些語句是前提，那一語句是結論，則其語句出現的次序，不論如何交錯，也還是同一個論證。但是，在一個語句序列裡，只要有一個語句的次序改變，則卽令構成這個序列的諸語句本身沒有更換，次序改變前和改變後的序列，就不是同一個序列了，也就是不同的推演了。正如考慮論證的健全性一樣，在考慮推演的有效性時，個數的識別非常重要。兩個相異的推演，卽令其構成的諸語句完全相同，但其有效性可能不同。

㈡當我們構作一個論證時，我們是把其前提**認定**爲眞而提出的。但是，當我們做一個推演時，我們是把其設提**認定**爲眞或**設定**爲眞而提出的。換句話說，在一個純形式系統裡，推演的設提是純然的符號，沒有意義，更不用說是眞不眞了。但做爲一個論證的前提，不管在那一種情形下，一定有一種值，否則就不得叫做前提了。這樣，在一個討論裡，論證的前提是定斷性的(categorical)，而推演的設提卽可以是定斷性的，也可以是假設性的 (hypothetical)。當然，在一個討論裡，我們可拿而且也經常拿被斷定爲眞的語句當一推演的設提。但是一旦這些被斷定爲眞的語句落在推演的架構時，它便被想成是假設性的了。我們這裡所謂假設性的，並不是指該語句變成一個「如果…則…」這個架構的前件。換句話說，論證的思想樣態是「因爲…，所以…」，而推演的思想樣態是「如果…，則…」。

前者為眞性的保證或支持，而後者為眞性的涵蘊。也因為這樣，所以我們寧可把推演的出發點稱為設提，而不稱為前提。很多邏輯教科書，由於把論證和推演混在一起，所以也把推演的出發點稱為前提。甚至在推演系統內，還有所謂前提規則呢！依據我們的看法，當然是應把所謂前提規則改為設提規則。當然也有不少邏輯書本，把推演的出發點稱為設提的。

在亞里士多德邏輯裡，只有推演的思想樣態，而沒有論證的思想樣態。在斯多亞邏輯裡，才有論證的形態出現。就這一點而言，斯多亞邏輯是一個進步。

在一個討論裡，可能沒有提供一些當推演出發點的語句。這時候，我們自己必須提出臨時性的語句，來充當所做推演的設提。但是，在任何討論裡，我們不能有沒有前提的論證。如果有人認為，有沒有前提的論證，那一定是把一個可充當某一推演的歸結的語句，誤認為是一個論證了。

㈢論證是證據性的（ evidential ）思想活動，推演是理由性的（ rationative）思想活動。因為論證正是證據性的，所以它着重保證力。只要前提的確能夠保證結論，則這兩者之間有什麼關連存在，可以不問。但是，推演的活動則不然；推演的活動必須要在設提和歸結之間，建立邏輯的關連。換句話說，論證的目的在建立結論，而推演的目的在建立設提與歸結之間的邏輯關連。

㈣當我們想知道一句話是否為眞時，我們常要提出一個論證來保證或支持它，同時也常做一個推演來顯示它。當我們想知道一個論證是否健全時，我們常提出一個推演來顯示它。論證提出者的首要任務是，提出眞正可以保證或支持結論的前提。至於前提**如何**保證或支持結論，則不是論證本身的問題，而是推演的問題。推演是顯示論證為健全的一個步驟。當我們用推演來顯示一個論證的健全時，這個論證的前提當然成為所做推演的設提，但並不是每一個前提都要成為設提不可。同時，這一推演的設提也**不必以這一論證的前提為限**。在一推演裡，還可以拿別的語句當暫時的設

提，或者拿所論系統中已證語句當設提。當然，所做推演一定要以所提論證的結論爲歸結。

當一個論證的前提對結論的保證性非常明顯時，我們很容易把它看成顯示它爲健全的一個推演。事實上，從思想樣態說，它仍然只是一個論證。只因爲其健全性很明顯，因而它本身即「顯示」它的健全，可是我們卻誤以爲是借推演來顯示的。於是，我們就把論證看成推演。這是人們常把論證和推演混在一起的一個原因。但大多情形，一個推演會比它所要顯示爲健全的論證，含有更多的語句。這些多出的語句就是歸結以外的導句，亦即一般所謂的中間推演 (intermediate inference)。

㈤往往有好幾個語句組合連鎖在一起的情形。這種連鎖在一起的語句組合到底是論證連鎖，還是只是一個推演呢（假定只有這兩種）？這要看情況而定：

(1)如果這個連鎖完全由「因爲…所以…」這種保證性或支持性的思想樣態承接起來，則應看成是論證連鎖。

(2)如果這個連鎖完全由「如果…則…」這種邏輯涵蘊關係承接起來，則應看成一個推演。

(3)如果這個連鎖裡既有「因爲…所以…」的保證樣態，同時也有「如果…則」的邏輯涵蘊樣態，則這裡既有論證也有推演。本文開始的時候曾說，人類的推理活動是一種複雜的思想。這裡的情形就顯示此點。下面的 (a) 式顯示一種論證連鎖，(b) 式顯示一個推演。

(a)　$\{A \Vdash B\}$, $\{B \Vdash C\}$, $\{C \Vdash D\}$

(b)　$<A, B, C \vdash D>$

(4)往往我們會遇到無法清楚地分辨，一組語句到底是論證還是推演的情形。此時我們務必做種種可能情形的判定。因爲論證和推演的可接受性不同，所以這種判定不可缺少。

㈥我們上面說過，推演是顯示論證爲健全的一個步驟。那麼論證的健

全性與推演的有效性之間有怎樣的關連呢？首先我們要定義所謂一個論證的對應 (corresponding) 推演。設 $\{P_1, \cdots, P_n \Vdash Q\}$ 和 $<A_1, \cdots, A_n \vdash B>$ 分別表示論證和推演。那末，我們稱 $<A_1, \cdots, A_n \vdash B>$ 為 $\{P_1, \cdots, P_n \Vdash Q\}$ 的一個對應推演，恰好如果 $\{P_1, \cdots, P_n\} \subseteq \{A_1, \cdots, A_n\}$，而且 $Q = B$。我們來研究下面一些問題。

(1)一個健全的論證，是否一定有一個有效的對應推演？這是邏輯上所謂完備性 (completeness) 的問題。其回答要依情況而定。

(2)一個有效的推演，是否一定有一個健全的對應論證？這個問題並不像初看起來那麼沒有意義。在一般情形下，這個問題的回答當然是肯定的。可是當這個有效推演的設提（不含暫時的設提）為不一致時，情況就不同了。當設提不一致時，此推演的對應論證的前提也必不一致。前面說過，一個健全論證的條件之一是前提要一致。

(3)一個健全的論證有沒有一個無效的對應推演？有的。這一問題實在很平俗。但我們要借它來釐清一些觀念。在論證為健全，但我們所做的對應推演卻無效時，就是這種情形。譬如，在數學或科學的系絡裡，問題（論證）本身確實成立（健全），但我們所做證明（推演）卻錯時，就是這種情形。因此，我們可以有這麼情形：「噢！阿蘭，妳的論證可能健全，但妳的推演（證明）卻錯了。」

(4)一個不健全的論證是否有一個有效的對應推演呢？可依下述情形來決定：

(a)如果是因前提不一致而不健全，則有。

(b)如果是因不具涵蘊性而不健全，並且沒有前提不一致的情形，則沒有。

(c)如果因結論不一致而不健全，並且沒有前提不一致的情形，則沒有。

從以上的討論，我們可以確知，論證和推演是截然不同的東西。這兩

者最重要的不同點是:

    ㈠ 論證是根據證據的保證原理或支持原理而構作的語句集合,
而推演是根據邏輯的涵蘊原理而構作的語句序列。

    ㈡ 論證的可接受性 (健全性) 和推演的可接受性 (有效性) 雖
然有某種關連, 但條件有所不同。

  既然這兩者是不同的東西, 為什麼有人常把它們混而為一呢? 為什麼
有人忽而把它們認為是一, 忽而又把它們認為是二呢? 主要的原由有三:

    ㈠ 在表現的客體 (語句) 上, 這兩者常常相同, 或是推演的客
體常常含有論證的所有客體。

    ㈡ 在表現的時間上, 推演常常緊跟着論證而來。

    ㈢ 誤認這兩者的可接受條件完全一樣。

當然, 這兩者畢竟是太相近了。在推理思想未充分分化以前, 實在非常容
易被揉合在一起的。

五

  現在我們想拿上面所獲得的結果, 來解決下面一些問題:

  (1)在日常討論或科學討論上, 我們常常遇到推理 (reasoning), 推
演 (inference), 論證 (argument), 導衍 (derivation), 演證 (de-
monstration), 演繹 (deduction), 證明 (proof), 等等字眼。這些字
眼在日常討論或科學討論上, 有那些相關、相同和相異的地方呢? 通常推
理一詞用得最廣, 也最籠統。推理一詞除了具有論證和推演的意含以外,
還含有濃厚的心理性的意含。我們也常把心理的聯想和影射作用認為或誤
認為一種推理。當然, 推理是一種心理的活動。但反之不必然。在邏輯研
究上, 我們常把推理的心理活動部分抽掉不談。在邏輯上, 我們常用推理
一詞來泛指推演, 論證, 導衍, 演證, 演繹, 歸納, 和證明等等。但這些

思想樣態中，最重要和最顯著的就是本文所討論的兩種，即論證和推演。其它各種，如果不是這兩種的一部分，就是幾乎可用這兩種來說明。

　　導衍是推演的一種。在一個系統內所做的推演，叫做導衍。換句話說，根據一個邏輯系統的推演規則而寫的語句序列，就是導衍。所以導衍可以說是形式推演。和導衍比較起來，推演一詞用得較廣。通常我們把根據邏輯原理所做的任何敍述序列，都叫做推演。所以推演一詞可以免系統。所以它可以是後視概念。推演不但可用於演繹，而且也可用於歸納。所以有所謂演繹推演和歸納推演。但導衍很少用於歸納的。

　　演繹是推演的一種。它是為了和歸納分別起見所用的名詞。演繹推演就是演繹。這是一個循環說明，但在這裡還有說明的功能。演繹推演和歸納推演比較起來，我們也有所謂演繹論證和歸納論證。所謂演證是指嚴格意味的證明活動或過程。證明一詞通常用得最廣，同時也有各種不同的意含。最嚴格意味的證明，是指設基系統內的導衍，就是所謂形式證明。其次嚴格意味的證明，是指一般的推演，就是所謂非形式證明。最鬆意味的證明，是指顯示語句為真，或顯示一個論證為正確的過程。在直覺意味上，我們所以用證明一詞，還有一種心理的要求，那就是讓人明白或相信。當我們說：「請證明看看」時，我們的意思通常是：

　　　(a)試顯示某一句話為真；

　　　(b)試提出一個推演來顯示某一句話可從所予設提得到；

　　　(c)試提出一個論證來；或

　　　(d)試提出一個論證來，並顯示這一論證為正確。

　　(2)因為論證和推演的可接受條件不同，所以我們分別用健全和有效來表示它們的可接受性。

　　(3)最後我們要提出一個初學邏輯人常常要提出的一個問題。那就是，邏輯究竟是什麼？這個問題的回答，真是眾說紛云，「莫不都是」。現在我們列舉一些說法看看。為討論方便起見，我們將把它分為四組。姑且名

之為「論證組」，「推演組」，「推理組」，和「綜合組」。

(一)論證組

1. 「邏輯可以說是研究各種不同證據 (evidence) 是否適當或是否有證明價值的問題。」 [7]

2. 「我們可把邏輯看成論證的研究。」 [8]

3. 「那麼，邏輯的研究，就是用來區分對的（好的）論證和錯的（壞的）論證的方法和原理的研究。」 [9]

4. 「本書的主要興趣在論證的邏輯評價。」 [10]

5. 「邏輯是研究正確論證的前提和結論之間所存在的歸結關係。」 [11]

6. 「邏輯是研究好的與壞的論證。」 [12]

(二)推演組

1. 「通常含混地說，邏輯是必然推演的科學。」 [13]

2. 「邏輯是有效推演的一般條件之系統的研究。」 [14]

3. 「邏輯可以定義成有效推演條件之理論，或者更簡捷來說，可定義成證明理論。」 [15]

4. 「各種推演的有效性的研究。」 [16]

---

[7] 見 M. R. Cohen 和 E. Nagel: *Introduction to Logic and Scientific Method*, p. 5, Latimer Trend & Co. LTD, Whilstable, 1961.

[8] 見 J. L. Pollock: *Introduction to Symbolic Logic*, p. 1, Holt, Rinehart and Winston, Inc., 1969.

[9] 見 I. M. Copi: *Symbolic Logic*, p. 1, The Macmillan Company, 1967.

[10] 見 J. D. Carney, R. K. Scheer: *Fundamentals of Logic*, p. 1, The Macmillan Company, 1964.

[11] 見 B. Mates: *Elementary Logic*, p. 4, Oxford University Press, 1972.

[12] 見 D. Kalish, R. Montague: *Logic: Techniques of Formal Reasoning*, p. 3, Harcourt, Brace & World, Inc., 1964.

[13] 見 W. V. Quine: *Elementary Logic*, p. 1, Harvard University Press, 1963.

[14] 見 *Encyclopaedia Britannica* 中 A. Wolf 的 'Logic' 條，1929.

[15] 見 J. O. Urmson: *Western Philosophy and Philosophers*, p. 234.

[16] 見 P. Edwards: *The Encyclopaedia of Philosophy*, p. 67, Volume V, The Macmillan Company, 1967.

5.「邏輯是以抽掉命題的內容或質料不論，而僅僅處理其邏輯形
式的方法，對命題的一般結構和有效推演的一般條件，做有系
統的研究。」⑰

㈢推理組

1.「邏輯是推理 (reasoning) 的研究。」⑱
2.「邏輯可簡單地定義成推理的研究。」⑲
3.「邏輯之最通俗的定義之一是：推理方法的分析。在研究這些
方法時，邏輯的興趣在論證的形式，而不在論證的內容。」⑳
4.「邏輯的研究，就是用來區分對的推理和錯的推理的方法和原
理的研究。」㉑
5.「推理的這些規範或原理的研究，就是本書的目標。」㉒

㈣綜合組

1.「邏輯是研究論證、推演、和推理的。」㉓

以上這些說法，幾乎都圍繞着三個重要概念，即推理，論證和推演來
說的。其中所謂推理，其實所指的也就是論證或推演。邏輯究竟是什麼？
希望本文的討論有助於這個問題的了解。

最後值得一提的，論證和推演雖然是不同的思想樣態，但平時應用時
不必過分介意其分別。只當我們要考慮其可接受性時，我們才必須清清楚
楚地把它們分開來。

⑰ *Encyclopaedia Britannica* 中 A. Church 的 'Logic' 條， 1956.
⑱ 見 J. R. Shoenfield: *Mathematical Logic*, p. 1, Addison-Wesley Publishing Company, 1967.
⑲ 見 M. Black: *Critical Thinking*, p. 1, 1946.
⑳ 見 E. Mendelson: *Introduction to Mathematical Logic*, p. 1, D. Van Nostrand Company, 1966.
㉑ 見 I. M. Copi: *Introduction to Logic*, p. 3, The Macmillan Company, 1972.
㉒ J. D. Carney: *Introduction to Symbolic Logic*, p. 3, Prentice-Hall, Inc., 1970.
㉓ M. D. Resnik: *Elementary Logic*, p. 1, McGraw-Hill Book Company, 1970.

自然語言的邏輯符號化

一. 引　語

1. 小　引

我們要在本文裡，實際去分析自然語言（日常語言）的基本邏輯結構 ❶。我們要拿邏輯符號去表示這些結構。這裡所謂基本邏輯結構，是指由 **語句連詞**（sentential connectives），**量詞**（quantifiers），和述詞（predicates）所顯現出來的邏輯結構。由其它語言成分所顯現出來的邏輯結構，不在本文討論之列。

我們將使用通常的邏輯理論，來進行這種分析工作。我們要分析的語言，是中文和英文。在英文方面，這種分析工作，學者已經做過不少。因此，在英文方面，除了少數部分以外，本文做的，主要是整理的工作。但在中文方面，就個人所知，除了趙元任做了少許以外，似乎還沒有人有系統地做過。在本文裡，我們將有系統地做這方面的工作。我們的目的有二。一、使讀者熟悉中文和英文的基本邏輯結構。二、給中文的邏輯研究，做點奠基工作。

拿邏輯符號去表示自然語言的邏輯結構，就是自然語言的邏輯符號化。

2. 自然語言的特色

我們日常使用的語言，諸如中文，英文，日文，阿拉伯文等等，都是 **自然語言**（natural languages）。自然語言是從人們的日常生活，社會習

---

❶ 本文原稿由國家科學委員會1970年度補助寫成。現修改成本文。1976年 3 月。

俗，知識活動，和歷史發展，自然而然逐漸產生和發展起來的。自然語言也叫日常語言（ordinary languages）。自然語言是人們表達意念最重要最基本的工具。由於人的意念非常錯綜複雜，自然語言所承擔的功能，也就難以計數了。自然語言的功能有多少呢？除了表示敍述、情感、命令、請求、呼喚等等以外，還有其它那些功能呢？維根什坦（L. Wittgenstein）說的好；他說，自然語言有數不盡的使用功能❷。初聽起來，這個說法也許令人十分迷惑。但是，只要我們想想，自然語言是人們表達意念的工具，而人的意念又非常複雜，就不難釋惑了。有數不盡的使用功能，這是自然語言的最大特色。

所謂自然語言有數不盡的功能，應該是指，就某一種自然語言來說，譬如中文或英文，如果我們根據使用功能的不同，而把其所有合乎文法的語句，加以分門別類，則可得無數有意義的類別。如果單就某一語句，在一定系統中，其可使用的功能，雖然可能很多，但恐怕不會是數不盡的。

自然語言的另一個重要特色是運算的低度性。利用邏輯的等值和涵蘊等等觀念，我們可以把一句話轉變成另一句相關的話。在數學和邏輯上，我們經常做這種轉變工作。自然語言可加以變換和運算。這是熟知的事實。但是自然語言的可運算性，馬上會受到下列兩種限制。第一種限制是，事實上自然語言，只能在語法非常簡單的語句中進行。較複雜的語句，雖然理論上仍可以運算，但實際上，我們的直覺力很快就無法承擔。第二種限制是，較複雜的運算，語意直覺，立即不清。

自然語言的功能無數性，就人類的語言使用而言，有其優點，也有其缺點。就其優點而言，當人類想要表達意象豐富的意念時，便可使用這個工具。在文學，詩歌，和某種意味的哲學上，我們便需要有這種表示。但是，當我們要表示一種清晰的意含時，自然語言天生的多重功能，便有許多缺點了。

---

❷　參看 L. Wittgenstein, *Philosophical Investigation*, p. 11, Macmillan, 1953.

3. 人工語言的特色

人工語言（artificial languages）是人爲表達特定的觀點、概念或思想，在自然語言很難或無法充分承擔表達工具時，所創造的一種語言。人工語言的種類很多。例如，音樂的音符，化學的化學符號，數學的數學符號，邏輯的邏輯符號，等等都是。

相對於自然語言，人工語言一般具有下面兩個特性。那就是，功能單純性和運算高度性。當我們創設一種人工語言時，通常都以能滿足這兩個特性爲要件。

在本文裡，我們不想對自然語言和人工語言本身，再做論述。

4. 邏輯符號

在本文裡，我們要使用一種人工語言。這種人工語言就是邏輯符號。爲方便起見，我們將稱它爲邏輯語言。這種邏輯語言除了具備功能單純性和運算高度性以外，我們還要它具有下述特性。那就是，眞值單功能性。所謂眞值單功能性，是指這種語言，表達而且僅僅表達眞假的功能。這裡所謂眞，是指一句眞話的眞。所謂假，是指一句假話的假。有一點必須一提的，不是所有邏輯語言都要具有這個特性。用邏輯的行話來說，本文所要用的邏輯語言是**範程性**的（extensional）。

由於這個眞值單功能性，當我們用邏輯符號去表示一個自然語言時，除了眞假功能以外，該語言的所有其它可能的功能，都將被（有意地）排除。爲方便起見，我們將稱這種邏輯語言爲 L 語言，或簡稱爲 L。

以下兩章，將依次介紹 L 語言。我們要拿 L 去表示中文和英文，用以顯示中文語句和英文語句的邏輯結構。

二. 語句連號

5. 小 引

這裡所謂語句 (sentences)，是指一般文法書上所講語句當中，有眞假可言的語句。這種語句，通常也叫做敍說 (statements)。我們假定，每一語句具有眞假值之一，而且也僅僅具有其一。因此，凡不具有這種性質的語句，都不在本文討論之列。

語句和語句經由某種文字結合起來，往往可以形成另一個新的語句。這種文字，叫做語句連詞 (sentential connectives)❸。由語句連詞可以表現語句的某種邏輯結構。在本章裡，我們就要研究這種邏輯結構。從邏輯觀點看，這是最容易處理的一種邏輯結構。在邏輯系統的展開上，這也是最基層的部分。每一個日常推理和科學推理中，都包括語句連詞所呈現的推理形態。我們現在要從這一部分開始研究。

6. 連號和形成規則

首先我們要介紹所謂形成規則 (formation rules)。在構作一個語言系統時，我們需要一些話來告訴我們，那些元目是這個語言的成分，和那些元目的組合是這個語言的語句。我們稱這些話為形成規則。語言 L 的形成規則有很多。現在我們只介紹處理語句連號時，需要用到的。在下一章，我們將介紹其它的。

---

❸ 在自然語言裡，語句連詞的種類可能非常多，但是從邏輯觀點看，其中很多都可以看做同義語的。

下面是 L 語言中有關語句連詞的構成部分．

㈠基本符號

(1)原子語句字母　語句字母是用來表示語句的符號。我們稱不含語句連詞的語句為原子語句。其它語句為非原子語句。用來表示原子語句的字母為原子語句字母。我們用下列英文字母代表原子語句字母:

$$P,\ Q,\ R,\cdots;P_1,\ Q_1,\ R_1,\cdots;\ P_2,\ Q_2,\ R_2,\cdots。$$

(2)語句連號　用來代表語句連詞的符號。L 的基本語句連號有「～」和「&」。「～」表示「不」 (It is not the case that);
「&」表示「而且」 (and)。

(3)眞假值　用「T」表示眞值;「F」表示假值。

(4)括號　「(」和「)」及其變體。

㈡語句規則

(1)任何語句字母都是語句。

(2)如果 A 是語句, 則 $\sim A$ 也是語句。

(3)如果 A 和 B 都是語句, 則 $(A\,\&\,B)$ 也是語句。

㈢定義規則

如果 A 為一個符號序列, B 為一個語句, 則

$$A = \mathrm{df}\,B$$

表示 A 和 B 在定義上相等。

㈣語句連詞的眞値表解釋

我們假定讀者已經知道眞値表。現在利用眞値表定義語句 $\sim A$ 和 $(A\,\&\,B)$ 的眞假值如下:

(1)

A	$\sim B$
T	F
F	T

(2)

A	B	$(A \& B)$
T	T	T
T	F	F
F	T	F
F	F	F

對上面的敘述，有幾點要說明。

⑴我們是拿 P 至 Z 附或不附下標的英文大寫字母，來表示原子語句字母的。

⑵嚴格說，「T」和「F」不是 L 的符號。它們是內含於 L 的符號。現在把它們放在 L 裡，是表示 L 是語意的，而不是純語法的。實際上，我們在此並不是要構作一個形式語言。我們只是要構作一套符號來翻譯自然語言，並顯示自然語言的邏輯結構。我們現在要做的是符號化的工作，而不是形式化的工作。

⑶「A」和「B」等字母，不是原子語句字母，而是用來指稱原子語句字母的符號。所以，它們不屬於 L。

⑷所謂「A」和「B」在定義上相等，是指在 L 裡，這兩者可以任意互換。也就是說，這兩者在一切情況下，可以擔當同樣的功能。

⑸利用定義規則，我們還要介紹下列三個語句連號：

（ⅰ）$(\sim A \vee B) =$df$\sim(\sim A \& \sim B)$

（ⅱ）$(A \to B) =$df$ (\sim A \vee B)$

（ⅲ）$(A \leftrightarrow B) =$df$ [(A \to B) \& (B \to A)]$

⑹我們要把 $\sim A$ 稱為 A 的否言(negations)；把 $(A \& B)$ 稱為 A 和 B 的連言 (conjunctions)；而 A 和 B 為 $(A \& B)$ 的連項(conjuncts)；把 $(A \vee B)$ 稱為 A 和 B 的選言(disjunctions)，A 和 B 為 $(A \vee B)$ 的選項(disjuncts)；把 $(A \to B)$ 稱為 A 和 B 的如言 (conditional)，A 為 $(A \to B)$ 的前件 (antecedent)，B 為其後件 (consequence)；把

$(A \leftrightarrow B)$ 稱爲 A 和 B 的雙如言 (biconditional)，A 和 B 分別爲 $(A \leftrightarrow B)$ 的左項和右項。我們可分別把「$\sim$」，「&」，「$\vee$」，「$\rightarrow$」，和「$\leftrightarrow$」，稱爲否言（定）號，連言號，選言號，如言號和雙如言號。

(7)在日常語言中，還有許多其它語句連詞。不過，上面介紹的五個連詞，已經足夠把其它有所語句連詞定義或表示出來。爲了簡潔起見，我們不需要爲所有連詞一一引進代表的符號。

(8)我們要把括波「{ }」和括方「[ ]」視爲括弧「( )」的變體。因此，例如，在必要的時候，我們要把 $((A \vee B) \rightarrow A)$ 寫成 $[(A \vee B) \rightarrow A]$，或 $\{[A \vee B] \rightarrow A\}$ 等等。

7. 否 言

如上面所說，$\sim A$ 爲 A 的否言。所謂 $\sim A$ 爲 A 的否言，是說當 A 爲眞（T）時，$\sim A$ 爲假（F）；並且當 A 爲假時，$\sim A$ 爲眞。讓我們看下面的例子。

例1 東京不在日本。

〔解〕這句話顯然爲「東京在日本」的否言。

設　　　　$P \leftrightarrow$ 東京在日本

那麼，「東京不在日本」就可用 $\sim P$ 來表示。

例2 有些動物不用腮呼吸。

〔解〕這句話是「有些動物用腮呼吸」的否言嗎？也就是說，

設　　　　$P \leftrightarrow$ 有些動物用腮呼吸。

那麼，這句話可不可用 $\sim P$ 來表示呢？有人也許會說可以。但是，實際上是不可以的。爲什麼呢？所謂語句 A 是語句 B 的否言，是指 A 和 B 的值剛好相反。也就是說，其中一個爲眞時，另一個必爲假；其中一個爲假時，另一個必爲眞。例2和語句「有些動物用腮呼吸」的值，並不剛好

相反，理由很簡單，因爲這兩句話顯然都眞。

我們可有兩個方式來表示「有些動物用腮呼吸」的否言。一個是，「凡（所有）動物都不用腮呼吸」。另一個是，「並非有些動物用腮呼吸」。「並非」一詞相當於否定號「～」。

那麼，「有些動物不用腮呼吸」是什麼樣語句的否言呢？「凡動物都用腮呼吸」是也。我們稍稍想一下就可看出，這兩句話的值是剛好相反的。所以設 P 表示後一語句，則 $\sim P$ 表示前一語句。

例3 所有昆蟲都沒有八隻腳。

〔解〕如果我們對例2的說明有了充分的了解，則我們就不致說，這一句話是「所有昆蟲都有八隻腳」的否言了。顯然，這句話是「有些昆蟲有八隻腳」的否言。因此，設

$$P \leftrightarrow 有些動物有八隻腳$$

則，這一例便可用 $\sim P$ 來表示。

由上面例2和例3可以看出，句式

凡（所有）…是…

的否言是

有些…不是…。

句式

有些…是…

的否言是

所有…不是…。

設 A 爲一個語句。那麼，下述形式常常表示 $\sim A$：

並非 A；

A 是假的；

A 是錯的；

A 是荒謬的；

> A 不對；
>
> A 不成立；
>
> A 不這樣。

在英文，下述情形也常常表示 $\sim A$：❹

> Not A（或把「not」放在動詞或助動詞後面所得結果。）
>
> A doesn't hold；
>
> A isn't so；
>
> It is not the case that A；
>
> It is false that A。

「$\sim A$」裡的否言號「$\sim$」，相當於英文的片語「It is not the case that…」或「It is false that…」。用這兩個片語來表示一個語句的否定，有一個方便的地方。那就是，無論原語句的結構多麼複雜，都不必更動任何字眼。但是，在中文，似乎沒有一個恰切的片語，可和這兩者相當的。不過，有時候，「並非…」或「不是…」似乎還可以充當。

我們稱不含語句連詞（號）的語句為**原子**（atomic）語句。不是原子語句的語句，為**分子**（molecula）語句。分子語句含有語句連語。❺

一個原子語句的主詞如果是**個元**（individuals），其否言很容易得到；亦即，把「不」字或「沒」字放在句子的適當地方即可，不必更動句子的其它成分。例如，「羅素是哲學家」是原子語句，其否言是「羅素不是哲學家」。又如，「太陽出來了」的否言是「太陽沒出來」。可是，如果其主詞不是個元，其否言就不是那麼容易可以得到了。這時除了要把「不」或「沒」加在適當的位置以外，還要更動語句中有關成分。上面例2和例3的討論，可以顯示這一點。

---

❹ 參看 S. C. Kleene, *Mathematical Logic*, p. 64, New York: John Wiley & Sons, Inc., 1967.

❺ 這裡有關原子語句和分子語句的定義，是就範程（extensional）意義來講的。

　　要把一個分子語句加以否定，除非使用「並非」或「It is not the case that」這些字眼，否則如果不經語句連詞的邏輯轉換，是很難得到的。

　　例4 「如果妳嫁給我，我就回鄉耕田」的否言是「如果妳嫁給我，
　　　　我就不回鄉耕田」嗎？

　　〔解〕當然不是。也不是下面各語句：

　　　　(1)如果妳不嫁給我，我就回鄉耕田。

　　　　(2)如果妳不嫁給我，我就不回鄉耕田。

這句話的否言應該是「妳嫁給我，但我不回鄉耕田。」其理由等到討論如言時，就可以知道。

8. 連　言

　　像前面說過的，如果 A 和 B 為語句，那麼，$(A \& B)$ 為 A 和 B 的連言，而 A 和 B 分別為 $(A \& B)$ 的連項。$(A \& B)$ 可用中英文分別唸成：

　　　　A 而且 B

和

　　　　A and B。

　　從前面的定義可知，當而且只當 A 和 B 為眞時，$(A \& B)$ 才眞。

　　例5 阿蘭在圖書館而阿香在電影院。

　　〔解〕顯然，當而且只當「阿蘭在圖書館」和「阿香在電影院」這兩句都眞時，這一句話才眞。因此，設

　　　　P ↔ 阿蘭在圖書館

　　　　Q ↔ 阿香在電影院

則這一句話可譯成 $(P \& Q)$。

　　關於連言，下面幾點值得注意。

⑴在中文，一個連言常常不含連言詞。例如，

例6 弟弟唱歌妹妹遊戲。

〔解〕這一句話是一個典型的連言。這一連言是由「弟弟唱歌」和「妹妹遊戲」這兩個連項所構成的。但這兩個連項只是並列在一起，而形成一個連言。在中文，這種並列有兩個方式。一個就像這個語句那樣純粹的並列。另一個是用逗點「，」把連項分開來。例如，「弟弟唱歌，妹妹遊戲。」但是，在英文，無論如何都要有連詞「and」或其同義詞來連結連項，才能形成一個連言。

⑵在日常語言裡，我們常常認爲一個連言的諸連項之間，需要有某種事實上或類型上的關連，否則好像這些連項的結合，不能構成一個連言的樣子。例如，

例7 我喜歡阿蘭而二加三等於五。

〔解〕這話也許會被人認爲很荒唐，而不是一個「正常」的連言。因爲，把二加三等於五和我喜歡阿蘭，這兩囘事連在一起，實在是不倫不類，牛頭不對馬嘴。至少，阿蘭本人會如此設想，除非她已經學過邏輯。可是，如果我們稍加思索，所謂「事實上或類型上的關連」，到底是什麼意思時，我們會發現，這根本是一個不可決定的觀念。阿蘭也許會認爲，我喜歡她和二加三等於五，沒有什麼關連可言。可是，要是我跟她說，我喜歡她，就如數學上二加三等於五那麼眞時，她也許會微笑說，例5眞是個好句子呢。

無論如何，撇開所謂事實上或類型上的關連不談，如果「我喜歡阿蘭」和「二加三等於五」都眞，則例5爲眞；反之，有一爲假，則例5便假。由此可知，當我們考慮的是一個連言的眞假時，只要每一連項有眞假可言，則不論連項之間是否有所謂事實上或類型上的關連，這一連言就是一個的連言。因此，例5毫無問題可以譯成（$P \& Q$）這個形式。

⑶在日常語言裡，「and」和「而」等等或其同義詞所連結的，有的

是語句，有的是語句的省略詞，但有的卻為純粹的名詞。如果所連結的是純粹的名詞，則不能把這個「and」和「而」譯成「&」。請看下面諸例。

例8　香蕉和鳳梨都是臺灣的名產。

〔解〕這裡，「和」字所連結的是「香蕉」和「鳳梨」。而「香蕉」和「鳳梨」都是名詞。這是從表面觀察的。可是，如果從深層的邏輯結構來分析，則「和」字所連結的，實際上是語句「香蕉是臺灣的名產」和「鳳梨是臺灣的名產」。因此，我們可以說，「和」字在這一句所連結的，是語句的省略詞，而不是純粹的名詞。所以，我們很可以用（$A \& B$）來表示這一句話。

下面三個例子，也都可以用上述要領來分析：

例9　我喜歡阿蘭和阿香。

例10　今天考地理和歷史。

例11　Richard is a pale person and a poet.

但是，有時候「and」和「和」等所連結的是純名詞。（所謂語句的省略詞和純名詞之分，是相對於某一語句而言。）依定義，「&」所連結的是語句。也就是說，「&」所連結的是真假的值。而純粹名詞無真假可言。因此，當「and」和「和」所連結的是純名詞時，不能用「&」來翻譯或表示。例如，

例12　胡適和愛因斯坦是同時代的人。

〔解〕「和」字在此所連結的是純名詞。因此，這一句不能用（$A \& B$）來表示。其實，這句話是道道地地的原子語句。不過，可能有人會認為這句話可改寫成，「胡適是二十世紀的人，而愛因斯坦也是二十世紀的人。」其實這句話和上句話，並不等值。因上句話根本沒有告訴我們，胡適和愛因斯坦是二十世紀的人。後者雖然涵蘊前者，但前者並不涵蘊後者。

也許有人會說，例 12 可改寫為「胡適是愛因斯坦同時代的人，而愛

因斯坦是胡適同時代的人。」不錯，可以這樣「改寫」。可是，這句話的兩個連項，其實是同一句話。這種改寫只不過是把 A 改寫成 ($A \& A$) 而已。總而言之，例12只可用 A，而不可用 ($A \& B$) 來表示。

下面幾個例子，也和例12一樣，只可用 A 來表示：

例13 Two and three makes five。

例14 阿土和阿蘭是同班同學。

例15 阿土和阿蘭是鄰居。

(4)有時「和」和「and」是當做二元或多元述詞的一部分來用的。例12, 14和15裡面的「和」就是這種例子。又如，

例16 新竹在臺北和高雄之間。

〔解〕「和」字在此所連結的是純名詞「新竹」，「臺北」和「高雄」。這裡，「和」字是三元述詞「…在…和…之間」的一部分。這個句子是純原子語句。

下個例子的情形也一樣：

例17 John stands between Mary and Karl。

(5)中文的「而」和英文的「and」，往往有「並且而然後」的意思。也就是說，在語句「A 並且而然後 B」中，至少在時間上，A 先於 B。根據真值表顯示，($A \& B$)和 ($B \& A$) 的真值是完全一樣的。可是，語句「A 並且而然後 B」和「B 並且而然後 A」，這兩者的意義顯然不是完全相同。因此，我們似乎不能拿「&」來表示這種意味的「和」和「and」。譬如，有人說，❼「John had an operation and got well」和「John got well and had an operation」中的「and」如果了解成「並且而然後」，則這兩句話就不同了。因而，它們就不能譯成 ($A \& B$) 這個形式。有一點我們一直假定而未說出來的。這就是，我們在本文中所討論的

---

❻ 參看 J. D. Carney, *Introduction to Symbolic Logic*, p. 16, New Jersey, Prentice-Hall, Inc., 1970.

❼ 參看前書 p. 24.

邏輯是不計較時間的。換句話說，我們在這裡所討論的語句之眞假，不因時間而改變。當然，如果我們要把「然後」的觀念考慮進去，我們是不能用（$A \& B$）來表示上面兩句話的。可是，如果我們把「然後」的觀念忽略而不計，上面兩句話，未嘗不可以用（$A \& B$）來表示。

(6)在日常語言裡，有好幾個連項結合在一起，而形成一個連言的情形。這時候，除了保留最後一個以外，其餘的都略而不用。但在譯成符號時，通常我們都不做這種省略。例如，

例18　阿蘭，阿香，和阿英都是大學生。

〔解〕從邏輯上說，此句本來應該寫成

(a)阿蘭和阿香和阿英都是大學生。

或者更嚴格說，應該寫成

(b)阿蘭是大學生，阿香是大學生和阿英是大學生。

當然，這兩句話看來都怪怪的。這主要是因爲平常我們很少這樣用。爲了修辭和方便，我們常做種種省略。但是，在把日常語言譯成符號時，除非符號系統本身也有相應的省略約定，否則我們不能做相應的省略。例如，我們應把例18譯成（$A \& B \& C$）❽，而不應譯成（$A B \& C$）。後者不是L的符號形式。

由此可見，修辭和方便的要求，和邏輯的要求，並不一定平行。

(7)在中文，一個連言的連詞常被省略，或者甚至全部被省略。這在文言或成語中最常見。例如，

例19　山高月遠。

〔解〕這句話應看成「山高而月遠」。因此在做符號翻譯時，要用（$A \& B$）來表示。

(8)應分清交集的觀念和連項略寫的觀念。例如，

例20　(a)我喜歡漂亮和伶俐的女孩。

---

❽ 嚴格說，（$A \& B \& C$）應看成 [（$A \& BC$）] $\&$或 [$A \& (B \& C)$] 的省略寫法。

(b)我喜歡漂亮又伶俐的女孩。

〔解〕語句 (a) 有歧義。其中一個意義是

(a₁)我喜歡漂亮的女孩，也喜歡伶俐的女孩。

(a₁) 可以譯成 ($A \& B$) 這個形式。但語句 (b) 卻沒有 (a₁) 這個意思。(b)不是說，我喜歡漂亮的女孩又喜歡伶俐的女孩，而是說，我喜歡漂亮並又伶俐的女孩。(b)是一個純粹的原子語句。

例21　下面的句子，同例 20(a)：的 (a₁) 一樣

(a₁) 物理和化學我都要選。

(a₂) 男女學生都來參加舞會了。

(a₃) 我要到美國和巴西去。

(a₄) 星星，月亮，和太陽我都喜歡。

〔解〕以上這些句子都可譯成 ($A \& B$) 或 ($A \& B \& C$) 這個形式。

例22　下面的句子，同例 20(b) 一樣：

(b₁) 我喜歡有山又有水的地方。

(b₂) 阿蘭要嫁給聰慧而寬大的男人。

(b₃) 我要買一箱紅色和日本製的化妝品。

(b₄) 她要嫁給一個有汽車有洋房的人。

〔解〕以上的句子都應譯成 A，而不應譯成 ($A \& B$)。因為它們都是原子語句。

(9)在英文，下列一些形式的句子，通常都可用 ($A \& B$) 這種形式來表示：❾

$$A \text{ and } B;$$
$$\text{Both } A \text{ and } B;$$
$$A \text{ but } B;$$

❾　參看 Kleene 前書 p.63。

Not only *A* but also *B*；

A although *B*；

A despite *B*；

A yet *B*；

A while *B*。

例如，⑩

例23　(a) Alfred slept through class, but he passed.

　　(b) Even though Alfred slept through class, he passed.

　　(c) Alfred who slept through class, passed.

〔解〕這三個句子都可視為

　　Alfred slept through class and Alfred passed.

的變體。

⑩有時，關係代名詞「who」，「which」，「that」等，可當「and」的變體。

⑪「But」和「and」的意義雖然相當，可用符號「&」來表示，但是在許多日用場合，這兩者所顯現的效能，卻不盡相同。例如⑪，一個妙齡少女向一個年輕小伙子說，

　　l love you and l love your brother almost as　well

跟她向他說，

　　l love you but l love your brother almost as well

在他聽來所生反應，也許就很不同了。

⑫在中文，下列一些語句形式，通常可用 (*A* & *B*) 來表示：

　　A 和 *B*；

⑩　參看 D. Kalish 和 R. Montague, *Logic; Techniques of Formal Reasoning*, p. 43, New York, Harcourt Brace & World, 1964.

⑪　參看 P. Suppes, *Introduction to Logic*, p. 4, Princeton, N. J. D. Van Nostrand Co. Inc., 1957.

A 雖然 B；

A 可是 B；

A 而（且）B；

A 仍然 B；

A 但是 B；

A 不過 B；

A 與 B；

A 跟 B；

A 以及 B。

⒀在中文，「也」字也可用「&」來表示。

例24　你去我也去。

〔解〕這裏「也」字雖然不在兩個語句之間，但顯然也是用來連結語句的。設

P ↔ 你去

Q ↔ 我去

則此句可譯成 $(P\,\&\,Q)$。

9. 選　言

根據前面的定義

$$(A\vee B)=\mathrm{df}\sim(\sim A\,\&\sim B)$$

用眞値表來顯示，卽

$\sim(\sim A\,\&\sim B)$	$(A\vee B)$
T　FTFFT	T　T　T
T　FTFTF	T　T　F
T　TFFFT	F　T　T
F　TFTTF	F　F　F

從這個表可知，$(A \vee B)$ 爲眞，當而且只當 A 和 B 中有一個爲眞。在日常語言中，有沒有相當於 $(A \vee B)$ 的語句呢？顯然是有的。例如，

例25　阿蘭這個學期選了動物學或心理學。

〔解〕這裏「或」字就相當於「$\vee$」。這句話爲眞，恰好如果阿蘭這個學期至少選了動物學或心理學之一。這個眞值條件恰好和 $(A \vee B)$ 的相當。因此，我們很可以用 $(A \vee B)$ 來表示這一類句子。

例26　Socrates is bald or Socrates is snubnosed[12]。

〔解〕這一句話顯然可譯成 $(A \vee B)$ 這個形式。

關於選言，下列幾點值得注意。

(1)在日常語言裏，$(A$ 或者 $B)$ 中的「或者」有兩種意義。一種是當 A 和 B 都眞時，$(A$ 或者 $B)$ 也眞。我們把這種「或者」稱爲可兼容的。另一種是當 A 和 B 都眞時，$(A$ 或者 $B)$ 爲假。我們把這種「或者」稱爲不可兼容的。從定義中我們知道，$(A \vee B)$ 中的「$\vee$」是要表示可兼容的。依據「&」和「$\vee$」的定義，我們可把 $(A$ 或者 $B)$ 的「或者」表示不可兼容時，寫成 $[(A \vee B) \& \sim (A \& B)]$。

(2)在英文，下列一些形式的語句，可用 $(A \vee B)$ 來表示：[13]

　　　　A or B or both；

　　　　A or B（通常）；

　　　　A unless B（通常）；

　　　　A and/or B（在法律文獻裡）；

　　　　Either A or B（通常）；

　　　　A except when B（通常）。

又下列一些形式的語句，可用 $[(A \vee B) \& \sim (A \& B)]$ 來表示；

　　　　A or B but not both；

---

[12]　參看 Kalish 前書 p. 44.
[13]　參看 Kleene 前書 p. 64.

A or B （有時）；

A unless B （有時）；

A except when B （有時）；

A or else B （通常）。

對上面兩個表列，有幾點要說明：

（i）我們會發現，同一句日常語言，可以用兩個或兩個以上不同值的 L 語句來表示。這表示日常語言具有歧義性。譬如，「A or B」既可能用 $(A \lor B)$ 來表示，也可能用 $[(A \lor B)\&\sim(A\&B)]$ 來表示。到底用那一個表示比較適當，應參考 $(A$ or $B)$ 所在系絡以及其本身的語意。下面馬上要討論這點。

（ii）有人也許會感到奇怪，為什麼「A unless B」等形式的語句是一種選言。以後討論如言時再說明這。

（iii）為什麼兩種不同值的選言，要用同一個日常語言的字眼來表示呢？當然，在日常語言裡，一個字，一個詞，或一句話，有兩個以上的意義，是很平常。不過，這樣說，並沒有給這個特定的問題提出回答。可兼容和不可兼容的概念，用同一個字眼來表示，是有理由的。這兩個概念，表達一個共同的意含，即只要有一個選項為真，則整個選言為真。就是因為表達這個共同的意含，所以才用同一個字眼去表示這兩種不同值的選言。

(3)我們之所以把 $(A \lor B)$ 定義成可兼容的選言，而不定義成不可兼容的選言，除了因為 $(A \lor B)$ 具有可兼容和不可兼容的共同部分外，還有許多更深刻的理由。其中一個是，在許多理論，系統，甚或日常社會生活中，即使兩個語句不能同真，我們也可用選言號「$\lor$」把它們表示成選言。這也就是說，在「A 或者 B」中即使「A」和「B」不能同真，我們也可把它用「$A \lor B$」來表示。例如，

例27 Either today is Mary's birthday or it is not her birthday.

〔解〕這一選言的兩個選項顯然不能同眞，可是，我們卻可用（$A \lor B$）去表示。當然，我們也可用 $[(A \lor B) \& \sim(A \& B)]$ 去表示。這是怎麼說呢？設 A 爲 P，則顯然 B 爲 $\sim P$。這樣，上面兩個式子可分別改寫爲

(a) $(P \lor \sim P)$

(b) $[(P \lor \sim P) \& \sim(P \& \sim P)]$

根據眞值表可知，(a) 和 (b) 等值。既然等值，那麼，我們用那一式子來表示這個例子都一樣。依據簡單優先原理，通常我們當然選擇 (a) 去表示。

例28 a 大於 b 或 b 大於 a。

〔解〕在這裡，句子「a 大於 b 或 b 大於 a」可用（$a > b \lor b > a$）來表示。其中「$>$」爲數學上「大於」的標準符號。

有人也許會問，「a 大於 b」和「b 大於 a」不能同眞，但在（$a > b \lor b > a$）中並不排斥這個同眞的可能，所以（$a > b \land b > a$）並不是「a 大於 b 或 b 大於 a」的適當表示。初看起來，這個質問很令人着急。而事實上，這也是一個很好的質問。一般邏輯書籍也很少對這個問題加以明白的討論。問題的關鍵是，在這個例子裡，文句的表面意義，並沒有告訴我們「a 大於 b」或「b 大於 a」不能同眞。我們之所以知道這兩者不能同眞，是從文句的內含以及所討論的數學系統得來。如果我們可以利用這些知識來了解「a 大於 b 或 b 大於 a」，我們同樣可以利用這些知識來了解（$a > b \lor b > a$）。當我們這樣來了解和處理（$a > b \lor b > a$）時，我們可以發現「$a > b$」和「$b > a$」是不可能同眞的。既然這兩者不能同眞，則（$a > b \lor b > a$）就和 $[(a > b \lor b > a) \& \sim (a > b \& b > a)]$ 等值。因此，用（$a > b \lor b > a$）去表示「a 大於 b 或 b 大於 a」是很適當的。讓我們再看下個例子。

例29 尼克森當選美國總統或是韓福瑞當選美國總統。（就同一時間來說。）

〔解〕設 $P \leftrightarrow$ 尼克森當選美國總統

$Q \leftrightarrow$ 韓福瑞當選美國總統

那麼，這句話可譯成 $(P \lor Q)$ 嗎？答案是，可以。第一，這裡 $(P$ 或是 $Q)$ 的「或是」並沒有明顯排斥 P 和 Q 兩者都眞的可能。可是，有人也許會說，這個理由很表面。因爲只要稍加思索，我們會發現，講這句話的人通常都認定這兩者不可能同眞。所以，這裡的「或是」應被解釋爲不可兼容。顯然，這個質問是有道理的。當我們要把一句日常語言邏輯符號化時，應盡量把握說者的意思。要是我們沒有把握住這「兩者不可能同眞」的意思，顯然違背「翻譯」的精神。然而進一步看看，講這一句話的人，也要根據美國現行憲法的規定或定義來講。根據美國憲法的規定和定義，在同一時間內是不可能有兩個人當選爲總統的。根據這個規定和定義，P 和 Q 便不可能同眞。當 P 和 Q 不可能同眞時，$(P \lor Q)$ 和 $[(P \lor Q) \& \sim(P \& Q)]$ 便等值了。請看下面的眞值表：

$(P \lor Q)$	$[(P \lor Q) \& \sim(P \& Q)]$
T T F	T T F T T F
F T T	F T T T T F
F F F	F F F F T F

在這個表的始行（卽「P」行和「Q」行）上，P 和 Q 都沒有同時有「T」的情形。左式主行的值和右式主行的值完全一樣。這麼一來，我們便很有理由把例 29 譯成 $(P \lor Q)$ 了。讓我們再看下個例子。

例30 阿蘭許心給阿土了或是許心給阿木了。（假定這是阿蘭的母親對阿蘭的朋友們說的話。又假定阿蘭的母親是一個正直保守，愛情專一主義者。）

〔解〕首先我們要了解的，雖然依據我們的民法規定，一個女人不能同時嫁給兩個男人，但是，我們似乎沒有任何「規定」說，一個女人不可能同時許心給兩個男人。基於這一了解，例30 似乎很可以用 $(A \lor B)$ 這個形式來表示。可是，如果我們這樣翻譯，至少阿蘭的母親——這句話的

說者──要反對的。她也許會說，她的意思是，阿蘭只許心給阿土或阿木之中的一個，不會同時許心給他們兩個。我們實在也沒有任何語意上的約定可說，一個女人不能同時「許心」給兩個男人。所以，當我們用（$A \lor B$）來表示例 30 時，沒有任何理由來反對「A」和「B」可以同時為眞。因此，假如我們用（$A \lor B$）來表示這句話，我們並沒有把其眞實意含表現出來。基於上述理由，我們認爲應該用 $[(A \lor B) \& \sim (A \& B)]$ 這個形式來表示例30。

(4)由以上諸例子（例 25-30）的討論可以知道，當我們把「A 或者 B」這類日常語句譯成邏輯符號時，有的應譯成（$A \lor B$），有的應譯成 $[(A \lor B) \& \sim (A \& B)]$，有的譯成那一個都可以。可是，有什麼標準可讓我們決定到底那一個譯法才對呢？相信大家不會忘記，我們這裡所要做的日常語言的符號化，是要而且只是要把日常語言的眞假值的條件顯現出來。所以，有沒有完成這個目的，可以當做決定譯法是否對的一個標準。可是，我們又怎樣才能知道有沒有完成這個目的呢？有一個很好的方法是，把我們所譯的符號式放在相關的論證裡，如果原論證爲有效，而這一符號式也使原論證爲有效；同時，如果原論證爲無效，而這一符號式也使原論證爲無效，那麼，我們便可以說，這個符號式能完成這個目的。讓我們看看下面一些例子。

例31　(a)阿蘭這個學期選了動物學或心理學。

她沒選動物學。

所以，她選了心理學。

(b)阿蘭這個學期選了動物學或心理學。

她選了動物學。

所以，她沒選心理學。

〔解〕這裡有 (a) 和 (b) 兩個論證。論證 (a) 顯然正確，而論證 (b) 顯然不正確。設

$P \leftrightarrow$ 阿蘭這個學期選了動物學

$Q \leftrightarrow$ 阿蘭這個學期選了心理學

那麼，如果像例 25 那樣「阿蘭這個學期選了動物學或心理學」，譯成（$P \vee Q$），則 (a) 可以表示為

$$(P \vee Q)$$
$$\sim P$$
$$\overline{}$$
$$Q$$

顯然這是一個有效的論式。在另一方面，(b) 可以表示為

$$(P \vee Q)$$
$$P$$
$$\overline{}$$
$$\sim Q$$

顯然這是一個無效的論式。由上面的討論可知，把例 25 譯成（$P \vee Q$）是正確的。反之，如果把它譯成 $[(P \vee Q) \& \sim (P \& Q)]$，則我們可把 (b) 表示為

$$[(P \vee Q) \& \sim (P \& Q)]$$
$$P$$
$$\overline{}$$
$$\sim Q$$

我們可構作一個命題演算的導衍，來顯示這個論式是有效的：

{1}	1. $[(P \vee Q) \& \sim (P \& Q)]$	P
{2}	2. P	P
{1}	3. $\sim (P \& Q)$	1,簡化律
{1}	4. $(\sim P \vee \sim Q)$	3,狄摩根律
{2}	5. $\sim \sim P$	2,雙重否定律
{1,2}	6. $\sim Q$	4,5,選言三段論法

由此可見，如果把語句「阿蘭這個學期選了動物學或心理學」譯成 $[(P \vee Q) \& \sim (P \& Q)]$，則反而會把一個無效的論證顯示為有效了。這顯然

是一個錯誤的做法。所以，我們不應這樣來表示這個語句。

例32　(a)Either today is Mary's birthday or it is not her
　　　　　birthday.

　　　　It is not her birthday.

　　　　Therefore, it is not her birthday.

　　　(b)Either today is Mary's birthday or it is not her
　　　　　birthday.

　　　　It is her birthday.

　　　　Therefore, it is not her birthday.

〔解〕這裡有 (a) 和 (b) 兩個論證。論證 (a) 顯然有效，而論證 (b) 顯然無效。在例 27 我們說過，設

$$P \leftrightarrow \text{Today is Mary's birthday}$$

那麼，我們旣可把語句「Either today is Mary's birthday or it is not her birthday」譯成 $(P \vee \sim P)$，也可把它譯成 $[(P \vee \sim P) \& \sim (P \& \sim P)]$。現在我們來看看這兩種譯法是否做得對。

依第一種譯法，可把論證 (a) 表示為

$$(P \vee \sim P)$$
$$\frac{\sim P}{\sim P}$$

這顯然是一個有效的選言三段論式。結論「$\sim P$」可以看成是第一個選言前提的右項。當然，這個結論也可以看做是，依重複規則，從第二個前提得來的。不過，這只是本論式的一個特殊情形。依第一種譯法，可把論證 (b) 表示為

$$(P \vee \sim P)$$
$$\frac{P}{\sim P}$$

這個論式顯然無效。

由上面討論可知，這第一種譯法是正確的。現在讓我們看看第二種譯法。依第二種譯法，可把論證 (a) 表示爲

$$\frac{[(P\vee\sim P)\&\sim(P\&\sim P)]}{\sim P}$$
$$\frac{}{\sim P}$$

這顯然是一個有效的論式。依這種譯法，可把論證 (b) 表示爲

$$\frac{[(P\vee\sim P)\&\sim(P\&\sim P)]}{P}$$
$$\frac{}{\sim P}$$

這個論式顯然無效。由此可見，這第二種譯法也是對的。

這兩種譯法都對的理由，是由於語句「Either today is Mary's birthday or it is not her birthday」的特殊語意結構。這個結構就是，兩個選項剛好是互相矛盾的語句。由於這特殊結構，因而使得 $(P\vee\sim P)$ 和 $[(P\vee\sim P)\&\sim(P\&\sim P)]$ 變爲等值的句式。

例33 (a) a 大於 b 或 b 大於 a。

　　　　　a 不大於 b。

　　　　　所以，b 大於 a。

　　(b) a 大於 b 或 b 大於 a。

　　　　　a 大於 b。

　　　　　所以，b 不大於 a。

〔解〕這裡有 (a) 和 (b) 兩個論證。論證 (a) 顯然有效，而論證 (b) 是否有效，則要看我們是否認定「a 大於 b」和「b 大於 a」不能同眞而定。在例 28 的解中，我們把「a 大於 b 或 b 大於 a」表示爲 $(a>b\vee b>a)$。依此，可把論證 (a) 表示爲

$$(a > b \lor b > a)$$
$$\sim (a > b)$$
$$\overline{}$$
$$b > a$$

這顯然是一個有效的論式。同理，可把論證 (b) 表示爲

$$(a > b \lor b > a)$$
$$a > b$$
$$\overline{}$$
$$\sim (b > a)$$

這當然是一個無效的論式。可是，有人會質問說，由於 $(a > b)$ 和 $(b > a)$ 不能同眞，所以，$(a > b)$ 的成立，足以排斥 $(b > a)$ 的成立，亦卽足以推斷 $\sim (b > a)$ 成立。當然，如果我們認定 $(a > b)$ 和 $(b > a)$ 不能同眞，爲論證 (b) 的一個隱含的前提或省略的前提，則此一論證便可有效了。因爲這樣認定時，我們可把論證 (b) 表示爲

$$(a > b \lor b > a)$$
$$a > b$$
$$\sim (a > b \, \& \, b > a)$$
$$\overline{}$$
$$\sim (b > a)$$

有了這第三個前提，則這一論式，便成立了。有人也許會說，這第三個前提應該當做第一個前提的「一部分」而表現出來。於是，我們該把第一個前提表示爲

$$[(a > b \lor b > a) \, \& \sim (a > b \, \& \, b > a)]$$

而不該表示爲 $(a > b \lor b > a)$ 而已。如果表示爲前者，就不必把 $\sim (a > b \, \& \, b > a)$ 添做第三個前提。就論證 (b) 的有效性來說，把 $\sim (a > b \, \& \, b > a)$ 當做第一個前提的一部分，還是把它當做第三個前提，都是一樣的。可是，如果就概念的分析來說，這兩者卻很不一樣。在前者，是把「a 大於 b 或 b 大於 a」的「或」字，當不可兼容的選言詞。在後者，則把它當可兼容的選言詞。當說者沒有把這裡的「或」字，當不可兼容的選

言詞時，前者的表示法便錯了。譬如，當論證 (b) 的說者把「或」字當可兼
容的，同時又不認定 $\sim(a>b\,\&\,b>a)$ 時，把「a 大於 b 或 b 大於 a」
表示爲 $[(a>b\lor b>a)\,\&\sim(a>b\,\&\,b>a)]$ 便錯了。理由很簡單
。因爲此時，論證 (b) 爲無效，而這個表示法卻顯示此論證爲有效。反之，
當論證 (b) 的說者把「或」字當不可兼容的選言詞時，我們把「a 大於 b
或 b 大於 a」表示爲 $[(a>b\lor b>a)\,\&\sim(a>b\,\&\,b>a)]$，固然
不錯，要是把它表示爲 $(a>b\lor b>a)$ 也不會錯，假如我們認定上述
第三個前提成立的話。

　　由此可見，把「A 或者 B」表示爲 $(A\lor B)$ 比起表示爲 $[(A\lor B)$
$\&\sim(A\,\&\,B)]$，具有優先性。這個優先性，也是我們要把選言號「$\lor$」
定義成可兼容的一個理由。

　　(5)由上述諸例（例 31-33）可知，當我們把日常語言表示爲邏輯符號
時，不但要考慮說者的意圖，同時也要考慮語句的語法結構和語意約定。

例34　Either today is Tuesday or it is Wednesday.

　　　　It is Tuesday.

　　　　Therefore, it is not Wednesday.❹

　　〔解〕設 P ↔ Today is Tuesday

　　　　　　Q ↔ Today is Wednesday

那麼，可把這個論證表示爲

$$(P\lor Q)$$
$$\underline{\ P}$$
$$\sim Q$$

這個論式顯然無效。可是，我們知道原論證應該有效。不過，從原論證的
語意約定，我們可把「$\sim(P\,\&\,Q)$」添做第三個前提，亦卽把「Today
is Tuesday」和「Today is Wednesday」不能同眞，當做第三個前提。

❹ 參看 J. D. Carney 和 R. K. Scheer, *Fundamentals of Logic*, p. 203, Macmillan, 1964.

有了這第三個前提，則原論證就可變爲有效的了。

(6)在討論連言的時候，我們說過，連言詞「和」（而且）所連結的，有的爲語句，有的爲語句省略後的名詞，有的爲純粹的名詞。選言詞「或者」所連結的，顯然也有語句或語句省略後的名詞。然而，有沒有純粹名詞的情形呢？依我個人所知，是沒有的。因此，我們可以說，「或者」是單純的語句連詞，只連結語句，而不連結純名詞。

(7)在英文，除了「or」和「either…or」這些字眼以外，似乎沒有其它可以直接表示選言的字眼。「Neither A nor B」並不直接表示選言。它所表示是選言的否言 $\sim(A \vee B)$，或者是否言的連言 $(\sim A \& \sim B)$。在中文，「或者」,「或」,「或是」,「亦是」,「亦或」,「還是」,等等都可直援用來表示選言。「還是」通常用於問句或允許句的選言。例如，

　　例35　你去還是我去？

　　〔解〕這裡的「還是」，就表示選言的意思。

　　例36　你去還是我去都可以。

在中文，「不是 A，就是 B」（非…卽），也是表示選言的意思。我們可從兩個角度來了解這個句型。一個是，表示在 A 和 B 中至少有一個成立。這正好和 $(A \vee B)$ 要表示的完全一樣。另一個是，表示如言 $(\sim A \rightarrow B)$，亦卽如果不是 A，則 B。這個如言剛好和 $(A \vee B)$ 等值。

　　也許有人會說，當說者說「不是你去就是我去」時，有「你去我就不去」或「我去你就不去」的意思。當然，說者有此意思的可能。但是，通常在做「不是 A 就是 B」這種斷說時，我們所強調的是，A 和 B 至少有一個爲眞。至於 A 和 B 是否可以同眞，都存而不論。因而，不排斥其同眞的可能。譬如，兩人要決鬥時，可能這麼說，「不是你死就是我死。」這裡所要斷說的是，「你」和「我」之中，至少有一個人會死。誰都不會否認可能兩個人都死。

在中文，「要嗎 A，要嗎 B」也表示選言（$A \vee B$）。例如，「要嗎你去，要嗎我去，」就是表示你我之中至少有一個人去。

(8)在中文，詞組的並列有時是表示選言的意思。例如，

例37　你吃飯吃麵？

〔解〕這句話的意思是「你吃飯還是吃麵？」

(9)在中文，副詞「都」字會影響一句話應解釋爲連言或選言。

例38　你去我去都合他的意思。

〔解〕這句話的意思是，「你去合他的意思，而我去也合他的意思。」所以，這句話應表示爲（$A \& B$）。

例39　新竹或高雄盛產香蕉。

〔解〕這句話顯然可改寫爲「新竹盛產香蕉或高雄盛產香蕉。」所以，可用（$A \vee B$）來表示。

例40　(a)物理學生物學我都要選。

　　　　(b)物理學和生物學我都要選。

　　　　(c)物理學或生物學我都要選。

〔解〕這裡有 (a)，(b) 和 (c) 三句話。在 (a) 裡，「物理學」和「生物學」單純並列在一起。在 (b) 裡，這兩者用「和」字連結在一起。在 (c) 裡，這兩者則用「或」字連結在一起。(a) 和 (b) 顯然可改寫爲，

　（i）物理學我要選，生物學我也要選。

(i) 顯然可用（$A \& B$）來表示。可是，(c) 可不可改寫爲

　（ii）物理學我要選，或是生物學我要選，

呢？不可以。這是因爲 (ii) 可表示爲（$A \vee B$），但是，(c) 的意思實際上是和 (a) 和 (b) 一樣的，雖然在 (c) 裡，「物理學」和「生物學」是用「或」字連結的。這裡的「或」字，由於和副詞「都」字作用在一起，所以發生了「並且」一詞的功能，而變成一個連言詞了。這是我們必須注意的地方。

(10)在日常語言裡，有些貌似矛盾的句子，實際上並不是。例如，

例41 (a)娶妳不娶妳，我都倒楣。

(b)娶妳和不娶妳，我都倒楣。

(c)娶妳或不娶妳，我都倒楣。

〔解〕這三句話的意思，實際都是「娶妳我倒楣，不娶妳我也倒楣。」所以都可表示爲 $(A \& B)$。有人也許會認爲，「娶妳我倒楣」和「不娶妳我倒楣」是兩句彼此矛盾的話。其實不然。A 和 B 爲彼此矛盾恰好如果 A 和 B 的眞假值恰好相反。亦卽，當 A 爲眞時 B 爲假，而 A 爲假時 B 爲眞。「娶妳我倒楣」和「不娶妳我倒楣」這兩句話既可同眞，也可同假。所以彼此不矛盾。「娶妳我倒楣」只和「娶妳我不倒楣」相矛盾。「不娶妳我倒楣」只和「不娶妳我不倒楣」相矛盾。

我們要特別注意的，語句 (c) 是一個連言，而不是一個選言。理由很簡單。「娶妳我倒楣」或「不娶妳我倒楣」有一個爲假時，整個 (c) 卽假。

例42 遇與不遇，命也。（《後漢書》‧傅燮傳）

〔解〕這句話的形式，和例 41(b) 的，完全一樣。這是說，「遇，命也，而不遇亦命也」。所以應表示爲 $(A \& B)$。其實，例 42 也可寫成「遇不遇，命也」或寫成「遇或不遇，命也。」

在邏輯上，連言和選言，結構很不一樣。但在中文，典型的選言詞「或」有時可用來表示連言，而典型的連言形態——詞組的並列——也可用來表示選言。我們不可不注意。

⑾在中文，「（要）不」也表示選言。

例43 你去美國讀書，要不去歐洲讀書也好。

〔解〕這句話的意思是，「你去美國讀書好，或去歐洲讀書也好。」「要不」實際含有「如果不…則」的意思。「如果不…則」實際卽具有選言的形式。

例44 這樣長天，你也該歇息歇息，或和他們頑笑，要不瞧瞧林妹妹去也好。（《紅樓夢》第六十四囘）

〔解〕這裡的「要不」一詞，卽表示選言的「或」的意思。

⑫當連言和選言同在一句話時，到底要以連言詞或選言詞當主連詞，有時並不容易決定。這時必須要揣摩句意和上下文。例如，

例45 划去橋邊蔭下，躺着念你的書，或是做你的夢。（徐志摩著＜我所知道的康橋＞）

〔解〕這句話含有三個原子語句，卽「划去橋邊蔭下」，「躺着念你的書」，和「做你的夢」。設 P, Q, R 分別代表這三句話。那末，例 44 似乎可以有下述三種不同的解釋。卽 $[(P \lor Q) \lor R]$，$[P \& (Q \lor R)]$ 和 $[(P \& Q) \lor R]$。也就是：

(a)划去橋邊蔭下，或是躺着念你的書，或是做你的夢。

(b)划去橋邊蔭下，並且，躺着念你的書或是做你的夢。

(c)划去橋邊蔭下而躺着念你的書，或是做你的夢。

從句意看，應該是划到橋邊蔭下以後，才躺着念你的書呀！或是做你的夢呀！所以，應該解釋成 (b) 比較適當。

例49 每日或飯後，或晚間，薛姨媽便過來，或與賈母閒談，或與王夫人相敍；寶釵日與黛玉迎春姊妹等一起，或看書下棋，或作針黹。（《紅樓夢》第四回）

〔解〕在語句連詞的分析上，這是一個相當複雜的句子。首先，我們來看看分號「；」前後的兩個句子，是否有相應的語句連詞。分號前面那個句子的詞組「每日或飯後，或晚間」和分號後面那個句子的詞組「日與」，可以告訴我們，分號前後的兩個句子，沒有什麼特殊的語句連詞的結構關係。也就是說，我們可把分號前面的句子和分號後面的句子，看做真假值彼此獨立的句子。因而有的版本，便用句點「。」來表示這裡的分號。現在讓我們先分析分號前面的句子。這裡有下列幾個和真值有關的句子：

$P_1 \leftrightarrow$ 每日飯後薛姨媽過來

$P_2 \leftrightarrow$ 每日晚間薛姨媽過來

$R \leftrightarrow$ 薛姨媽與賈母閒談

$S \leftrightarrow$ 薛姨媽與王夫人相敍

顯然，這個分號前的句子可以表示為

$$[[(P_1 \ \& \ (R \lor S)] \lor [(P_2 \ \& \ (R \lor S))]]$$

當我們要追問這句話的眞假條件時，除非先用上式表示出來，否則我們很難計算原句子的眞假值。分號後面的句子很容易分析，從略。

例47 兵刄既接 (P_1)，棄甲曳兵而走 (P_2)，或百步而後止 (P_3)，或五十步而後止 (P_4)。（《孟子》＜梁惠王篇＞）

〔解〕這例子中，$P_1, \cdots P_4$ 等字母是我們添加的。這句話可表示為

$$[(P_1 \ \& P_2) \ \& \ (P_3 \lor P_4)]。$$

⒀標點符號中，逗點（，），句點（。），和分號（；），常常用來表示連言和選言。通常句點和分號表示「而且」。但逗點是表示連言或選言，要看整個句子的結構來決定。

例48 (a) 成家，立業，或就學，都是好路子。

(b) 成家，立業，和就學，都是好路子。

〔解〕這兩句話中的逗點，都表示連言。理由很簡單。只要成家，立業，和就學之中，有一個不是好路子，則 (a) 和 (b) 就假。而且，只有這三者，都是好路子，(a) 和 (b) 才眞。

例49 (a) 成家，立業，或就學，我將做選擇。

(b) 成家，立業，和就學，我將做選擇。

〔解〕這兩句話中的逗點表示選言。這是因為成家，立業，和就學之中，只要我做其中一種選擇，(a) 和 (b) 就眞。

⒁在英文，語句 (A despite B) 應表示為

$$[A \ \& \ (B \lor \sim B)]$$

這句話的意思是，不論「B」是眞是假，A 眞。所以，當我們要考慮 (A

despite B）這句話的眞假時，只需考慮「A」的眞假。不計「B」的眞假而卻需提及「B」時，最好的表示法是把此「B」寫成（$B \lor \sim B$）。在中文，我們把「A despite B」說成「不管是 B 或不是 B，都 A。」這是說，這句話的眞假僅僅決定於 A 的眞假。這意思正好可由 [A & （$B \lor \sim B$）] 表示出來。

(15)下面一些例子所顯示的連言和選言的表示法，也值得特別注意。

例50 Neither John nor Mary likes logic or dancing.

〔解〕要分析這句話的語句結構及眞假情形，要先找出這句話含有那些原子語句。設 P, Q, R, S 都是原子語句。那麼，這句話有下面四個原子語句：

P ↔ John likes logic

Q ↔ John likes dancing

R ↔ Mary likes logic

S ↔ Mary likes dancing

這句話應譯爲

$$[\sim(P \lor Q) \ \& \sim(R \lor S)]$$

初看起來，這個翻譯有點困難。但只要我們了解關鍵所在，就容易多了。首先，應該知道語句「Neither A nor B」要怎麼表示。因爲「Neither A nor B」是「Either A or B」的否言，而後者應譯爲（$A \lor B$），所以前者應譯爲 $\sim(A \lor B)$，意卽（$\sim A \& \sim B$）。這用中文來表示，再清楚也沒有了。把「Neither A nor B」表示爲中文，就是「旣非 A 也非 B。」「非 A」和「非 B」可分別譯爲「$\sim A$」和「$\sim B$」，而「也」字卽表示「&」。所以，「旣非 A 也非 B」卽可譯爲（$\sim A \& \sim B$）。例 49 的意思是，

Neither John likes logic or dancing nor Mary likes logic or dancing.

例51　Either John or Mary likes neither logic nor dancing.

〔解〕這句話可改寫為

Either John likes neither logic nor dancing or Mary
likes neither logic nor dancing

依例 51 的字母代表，此句可譯成:

$$[(\sim P \& \sim Q) \lor (\sim R \& \sim S)]$$

例52　星星，月亮，和太陽，你最多（至多）獲得其中兩種。

〔解〕在這例子裡，我們要討論的關鍵觀念是「最多」。這句話含有下面三個原子語句:

$P \leftrightarrow$ 你獲得星星

$Q \leftrightarrow$ 你獲得月亮

$R \leftrightarrow$ 你獲得太陽

這句話的意思是 P, Q 和 R 中最多只有兩個為眞。換句話說，這三個同眞是假的。故這句話可譯成，

$$\sim(P \& Q \& R)$$

細說起來，這句話也可以說成

「P, Q, R 中，或是其中兩個而且只有兩個為眞，或是其中一個而且只有一個為眞，或是其中一個眞也沒有。」　　　…A

其中兩個而且只有兩個為眞可表示為

$$[(P \& Q \& \sim R) \lor (\sim P \& Q \& R) \lor (P \& \sim Q \& R)] \quad …B_1$$

其中一個而且只有一個為眞可表示為

$$[P \& \sim Q \& \sim R) \lor (\sim P \& Q \& \sim R) \lor (\sim P \& \sim Q \& R)] \, …B_2$$

其中一個眞也沒有可表示為

$$\sim(P \lor Q \lor R) \text{ 或 } (\sim P \& \sim Q \& \sim R) \quad\quad\quad …B_3$$

語句 A 即可表示為 $(B_1 \lor B_2 \lor B_3)$。事實上，這 $(B_1 \lor B_2 \lor B_3)$ 和 $\sim(P \& Q \& R)$ 是等值的。讀者可用眞值表檢查看看。

例53 星星，月亮，和太陽，你至少獲得其中兩個。

〔解〕這裡的關鍵問題是「至少」。設 P，Q，R 如例 51 解。那麼，這句話的意思是，或是 P，Q，R 三者都眞，或是其中兩個爲眞。第一個選項可譯成 $(P\&Q\&R)$。第二個選項可譯成 $[(P\&Q)\lor(Q\&R)\lor(R\&P)]$。整個選言即：

$$[(P\&Q\&R)\lor(P\&Q)\lor(Q\&R)\lor(R\&P)]。$$

而這個式子可簡寫成：

$$[P\&Q)\lor(Q\&R)\lor(R\&P)]$$

例54 星星，月亮，和太陽，你獲得而且只獲得其中兩個。

〔解〕設 P，Q，R 如例 51 解。那麼，這句話是說，P，Q，R 中有而且只有兩個爲眞。所以，可譯成

$$[(P\&Q\&\sim R)\lor(P\&\sim Q\&R)\lor(\sim P\&Q\&R)]$$

這句話也可說成：P，Q，R 三者都眞爲假，只有一個爲眞也假，和一個也不眞也假。設 B_2 和 B_3 如例 51 解。那麼這句話也可表示爲

$$[\sim(P\&Q\&R)\&\sim B_2\&\sim B_3]$$

10. 如 言

在前面我們曾定義：

$$(A\to B)=\mathrm{df}\ (\sim A\lor B)$$

根據眞值表：

$(\sim A\lor B)$	$(A\to B)$
F T T T	T
F T F F	F
T F T T	T
T F T F	T

可知，當而且只當 A 爲眞 B 爲假時 $(A\to B)$ 才假。在日常語言裡，有

沒有具有（A→B）這個形式的句子呢？試看下個例子。

例55　如果太陽出來，則我去游泳。

〔解〕顯然，當太陽出來而我去游泳時，這句話為真。當太陽出來而我沒去游泳時，這句話為假。但是，當太陽沒出來而我去游泳時，這句話是真還是假呢？初看起來，不知要怎樣囘答這個問題。因為，說它真和說它假，似乎都沒有什麼道理。的確，在日常語言上，我們似乎把這種情況置之腦後，不聞不問了。因為，通常我們說，「如果 A 則 B」這類句子時，是把注意力放在：A 為真時 B 是否為真。如果 B 為真，則我們就認為「如果 A 則 B」這整個句子為真。如果 B 為假，則我們就認為它為假。但是，當 A 為假時，我們似乎就不計較整個句子的真假情形了。但是，這裡所謂不計較，應該是指「不有意」去計較。由於不有意去計較，所以整個句子是真是假，便不去聞問了。

雖然如此，可是我們卻在「無意間」說了些東西。前面我們曾提出一個基本的假定，即每一句話不是真便是假，不是假便是真。這個假定也很合乎我們日常語言所認定的習慣。在這個假定之下，當太陽沒出來時，不論我去游泳或沒去游泳，「如果太陽出來，則我去游泳」這整個句子，也一定有真假可言。設

　　　P ↔ 太陽出來

　　　Q ↔ 我去游泳

那麼，當 P 假 Q 真時，「如果 P 則 Q」是真還是假呢？事實上，在這種情況下，我們「無意間」所斷說的，是這句話為真。這是怎麼說呢？在直覺上，我們似乎不容易從正面說出其所以然來。現在我們試從反面來看。

所謂從反面來看，是指假定在這情況下，即 P 假 Q 真下，「如果 P 則 Q」為假。這時候，我們會發現，任何說這句話的人，絕不會承認他說假的。譬如，假如我說，「如果太陽出來，則我去游泳」，可是，現在太陽沒有出來而我卻去游泳。這時候，如果有人說我說假話，無論如何我是不會

承認和心服的。也就是說，無論如何我不會認爲我在說假話。這是因爲，我所說的是，如果太陽出來，我就去游泳，而我根本沒說，如果太陽沒出來，我就不去游泳。既然如此，那麼除了太陽出來而我沒去游泳以外，任何人都不能說我說假話。既然我沒說假話，根據我們的基本假定，一句話非假卽眞，我就有充分的理由說，我說眞話。因而，「如果 P 則 Q」正好和（$A \rightarrow B$）的眞假情況一樣。因此，我們便可把「如果 P 則 Q」譯爲（$P \rightarrow Q$）。

當太陽沒出來而我也沒去游泳時，我仍然說眞話的道理，是一樣的。

關於如言，下面幾點值得注意。

(1)我們稱引介如言前件的字眼爲前件詞；引介後件的字眼爲後件詞。在中文，下面一些字眼常用來當前件詞：

如果，要（是），若（是），倘若，倘使，假如，假使，果眞，果然，如若，信，令，設，假，如，若，苟，倘，誠。

下面一些字眼則常用來當後件詞：

則，就，便。

(2)在中文，一個如言可同時使用前件詞和後件詞，或是單單使用前件詞，或是單單使用後件詞。例如，

例56　(a) 如果她來，我就馬上去。

(b) 如果她來，我馬上去。

(c) 她來我就馬上去。

〔解〕(a) 使用前件詞和後件詞。(b) 單單使用前件詞。(c) 單單使用後件詞。

例57　你要不願意，就把「願意」兩個字抹了去，留「不願意」；要願意，就把「不願意」兩個字抹了去，留「願意」。（≪兒女英雄傳≫第二十七回）

〔解〕設 $P_1 \leftrightarrow$ 你願意

$P_2 \leftrightarrow$ 你把「願意」兩個字抹了去

$P_3 \leftrightarrow$ 你留「不願意」

$P_4 \leftrightarrow$ 你把「不願意」兩個字抹了去

$P_5 \leftrightarrow$ 你留「願意」

那麼，這句話可譯成

$$[(\sim P_1 \rightarrow (P_2 \& P_3)) \& (P_1 \rightarrow (P_4 \& P_5))]$$

例58 (a) 竹之爲瓦僅十稔；若重覆之，得二十稔。（＜黃岡竹樓記＞）

(b) 王如知此，則無望民之多於鄰國也。（《孟子》‧梁惠王）

(c) 故苟得其養，無物不長；苟失其養，無物不消。

（《孟子》‧告子篇）。

〔解〕(a)「若」爲前件詞。(b)「如」爲前件詞，「則」爲後件詞。

(c)「苟」爲前件詞。

例59 (a) 是以聖人果可以利其國，不一其用；果可以便其事，不同其理。（《史記》‧趙世家）

(b) 誠如是也，民歸之，由水之就下。（《孟子》‧梁惠王篇）

(c) 信能行此五者，則鄰國之民仰之若父母矣。（《孟子》‧公孫丑篇）

〔解〕(a)「果」爲前件詞。(b)「誠」爲前件詞。(c)「信」爲前件詞，「則」爲後件詞。

例60 (a) 儻急難有用，願效微軀。（李白＜上韓荊州書＞）

(b) 倘一旦追念天下士所以相遠之故，未必不悔，悔未必不改；果悔且改，靜待之數年，心事未必不暴白天下，士未必不接踵而至執事之門。（侯方域＜與阮光祿書＞）

(c) 戰爭，罪惡也；然或受侵略國之攻擊而爲防禁之戰，則不得已也。（＜舍己爲羣＞）

〔解〕 (a)「儻」為前件詞。(b)「倘」和「果」為前件詞。(c)「則」為後件詞。

例61 (a) 使遂得早處囊，中乃脫穎而出，非特其末見而已。（《史記》・平原君列傳）

(b) 若使憂能傷人，此子不得復永年矣。（孔融〈論盛孝章書〉）

(c) 公徐行即免死。疾行則及禍。（《史記》・項羽本紀）

〔解〕 (a)「使」為前件詞。(b)「若使」為前件詞。(c)「則」為後件詞。

例62 向使四君卻客而不內，疏士而不用，是使國無富利之實，而秦無強大之名也。（〈諫逐客書〉）

〔解〕 設 $P_1 \leftrightarrow$ 四君卻客而不內

$P_2 \leftrightarrow$ 四君疏士而不用

$P_3 \leftrightarrow$ 國有富利之實

$P_4 \leftrightarrow$ 秦有強大之名

那麼，這句話可表示為

$$[(P_1 \& P_2) \rightarrow (\sim P_3 \& \sim P_4)]$$

(3)在中文，「不是 A 就是 B」也是一種選言。

例63 不是你去就是我去。

〔解〕 這句話可解釋為：

(a) 你我兩人之中至少有一個人去，亦即，你去或我去。

(b) 如果你不去，則我去。

現在用 P 代「你去」，Q 代「我去」，則可把 (a) 表示為

(a′) $(P \lor Q)$

而把 (b) 表示為

(b′) $(\sim P \rightarrow Q)$

從真值表可知，(a′) 和 (b′) 等值。從 (a′) 和 (b′) 的等值，可得$(\sim P$

$\lor Q$）和（$P \to Q$）等值。這足以顯示，我們把（$P \to Q$）定義成（$\sim P \lor Q$），在直覺上有其充分的理由。至少在中文，這種理由十分明顯。由此可見，「不是 A 就是 B」既可說是一種如言，也可說是一種選言。

(4)在英文，下列一些形式的句子可表示為（$A \to B$）⑮：

If A, then B; B if A; A only if B; when A, then B; B when A; A only when B; in case A, B; B in case A; A only in case B; only if B, A; given that A, B; B assuming that A; B on the condition that A; B provided that A; A is (a) sufficient (condition) for B; B is (a) necessary (condition) for A; A materially implies B; A implies B（有時）。

例64　(a_1) Rex is carnivorous if Rex is a dog.

　　　(a_2) Rex is carnivorous provided that Rex is a dog.

　　　(a_3) Rex is a dog only if Rex is carnivorous.

　　　(a_4) Only if Rex is carnivorous is Rex a dog. ⑯

〔解〕這四個句子都可視為下述句子的變體：

If Rex is a dog, then Rex is carnivorous.

(5)設 $P \leftrightarrow$ logic is difficult

　　　$Q \leftrightarrow$ Alfred will pass

　　　$R \leftrightarrow$ Alfred concentrates

　　　$S \leftrightarrow$ the text is readable

　　　$T \leftrightarrow$ Alfred will secure employment

　　　$U \leftrightarrow$ Alfred will marry

　　　$V \leftrightarrow$ the lectures are dull⑰

現在我們要根據這個表列，把下面八個例子譯成符號式。這八個例子

⑮　參看 Kleene 前書 p.63 及 Kalish 前書 p.11.
⑯　參看 Kalish 前書 p.11.
⑰　例 65–72 參看 Kalish 前書 pp. 12–13.

中，前面五個可以譯成唯一的符號式；後面三個，則因有歧義，可能有兩個以上符號式的翻譯。

例65 Only if Alfred concentrates will he pass.

〔解〕「Only if」的直譯是「只有如果」。「只有如果 A 才 B」的意思，就是「只有 A 才 B」。而「只有 A 才 B」的意思是，「如果沒有 B 就沒有 A」，亦即 $(\sim B \to \sim A)$，亦即 $(A \to B)$。因此，例64 可改寫為

If Alfred does not concentrates he will not pass.

這句話可表示為 $(\sim R \to \sim Q)$，亦即 $(Q \to R)$。由此可知，「Only if A，B」可直接表示為 $(B \to A)$。

例66 If logic is difficult, Alfred will pass only if he concentrates.

〔解〕這句話的意思是「If P, then if Q then R。」所以，應譯為 $[P \to (Q \to R)]$。

例67 Alfred will pass on the condition that if he will pass only if he concentrates then he will pass.

〔解〕就語句連詞所顯示的結構而言，這是一個比較複雜的句子。遇到這一類句子時，我們最好利用括號，把諸語句連詞的作用範圍標明清楚。譬如，利用括號現在我們可把例 67 改寫如下：

(Alfred will pass on the condition that (if (he will pass only if he concentrates) then he will pass)))

其次，我們可先把最內層的括號部分，譯成符號如下：

(Alfred will pass on the condition that) if $(Q \to R)$ then he will pass)))

依此要領再譯成符號如下：

(Alfred will pass on the condition $((Q \to R) \to Q)))$

最後得：

$\{[(Q \rightarrow R) \rightarrow Q] \rightarrow Q\}$

例68 If if if Alfred concentrates, then he will pass, then he will secure employment, then he will marry.

〔解〕按照前例要領，第一步得

(If (if (if Alfred concentrates, then he will pass), then he will secure employment), then he will marry)

第二步得

(If (if $(R \rightarrow Q)$, then he will secure employment), then he will marry)

第三步得

(If $((P \rightarrow Q) \rightarrow T)$, then he will marry)

最後得

$\{[(R \rightarrow Q) \rightarrow T] \rightarrow U\}$

例69 It is not the case that if Alfred will secure employment provided that the text is readable, then he will marry only if he concentrates.

〔解〕首先利用括號把此句改寫爲:

(It is not the case that (if (Alfred will secure employment provided that the text is readable), then (he will marry only if he concentrates))

其次得

(It is not the case that (if $(S \rightarrow T)$, then $(U \rightarrow R)$))

再次得

(It is not the case that $((S \rightarrow T) \rightarrow (U \rightarrow R))$)

最後得

$\sim[(S \rightarrow T) \rightarrow (U \rightarrow R)]$

在討論下面三個例子以前，先來講一下連詞的範圍問題。在句子裡，我們可把連詞看成運算詞。一個運算詞，就像普通數學上的加減乘除一樣，有其運算（作用）範圍。當沒有兩個或兩個以上的連詞並立時，無所謂連詞的範圍問題。但是，當有了兩個或兩個以上的連詞同時出現在同一個句子上，而發生不知那一個連詞要「先」作用時，便有連詞的範圍問題。在日常語言，通常我們是依照語言的習慣和句子所在系絡，來決定這個先後問題的。可是，有時候即使有這種依據，仍然無法決定。下面三個例子，便是這種情形。

例70 Alfred will pass only if he concentrates provided that the text is not readable.

〔解〕這句話可以有下面兩種解釋:

(a) (Alfred will pass only if (he concentrates) provided that the text is not readable))

(b) ((Alfred will pass only if he concentrates) provided that the text is not readable)

(a) 和 (b) 可分別譯爲

(a′) $[Q \to (\sim S \to R)]$

(b′) $[\sim S \to (Q \to R)]$

此地 (a′) 和 (b′) 雖然等值，但這只是巧合而已。

例71 It is not the case that Alfred concentrates if the lectures are dull.

〔解〕這句話可以有下面兩種解釋:

(a) (It is not the case that (Alfred concentrates if the lecture are dull))

(b) ((It is not the case that Alfred concentrates) if the lectures are dull)

(a) 和 (b)可分別譯為

(a′) $\sim (V \to R)$

(b′) $(V \to \sim R)$

例72 Alfred will not secure employment if he fails to concentrate on the condition that the lectures are dull.

〔解〕這句話可以有下面兩種解釋:

(a) ((Alfred will not secure employment if he fails to concentrates) on the condition that the lectures are dull)

(b) (Alfred will not secure employment if (he fails to concentrates on the condition that the lectures are dull))

(a) 和 (b) 可分別譯為

(a′) $[V \to (\sim R \to \sim T)]$

(b′) $[(V \to \sim R) \to \sim T)]$

(6)如我們可以知道的，在語言 L 裡，我們是拿括號來標明連號的作用範圍的。但是，有時候為了減少括號的冗多，我們要做一些省略。我們的省略約定如下: 符號

$$\sim, \&, \lor, \to, \leftrightarrow$$

依由左至右的次序，愈左邊的愈先作用。依此約定，譬如，我們把

$$(A \lor B \& C)$$

當

$$[A \lor (B \& C)]$$

的簡寫。

(7)關於如言，有一個很重要的問題。那就是，在日常語言裡，是否所有具有「如果…則」這個形式或其變體的語言，都可用 $(A \to B)$ 來表示呢? 不是。讓我們稱所有具有「如果…則」這個形式或其變體的語詞為如

言。那麼，至少如下列三種情形的如言，不可用（A→B）來表示。⑱

(i)一般化如言（generalized conditionals）

例73 如果一個人能游過這海峽，則他將獲獎。

〔解〕這個語句雖然具有「如果…，則」這個形式，但是嚴格說來，卻不具有（A→B）這個形式的，理由是，在後者，「A」和「B」都是語句——有真假可言。可是，在例73中，「一個人能游過這海峽」和「他將獲獎」，卻不是語句——因沒有真假可言。在我們給（A→B）的定義中，「A」和「B」都要有真假值。因此，我們不可把例73表示為(一個人能游過這海峽→他將獲獎)。又這個形式的語句前後件的主詞都必須一樣，（A→B）的形式不能把這個相關顯現出來。

例74 (a) 如果一數可被二整除，則它為偶數。

(b) If one can recite the first stanza of "The Raven" then he has studied it.⑲

(c) If anything is a vertebrate, it has a heart.⑳

〔解〕這三個句子都是一般化如言，不可表示為（A→B）這個形式。

例75 盡得大的責任，就得大快樂；盡得小的責任，就得小快樂。

(梁啓超＜最苦與最樂＞)

〔解〕這裡的兩句話都是一般化如言。第一句話是說，「如果一個人盡得大的責任，他就得大快樂。」第二句話是說，「如果一個人盡得小的責任，他就得小快樂。」這兩句話都不可用（A→B）這個形式來表示。

關於一般化如言要如何譯成邏輯符號，將在本文第三章討論。

(ii) 反事實如言（contrafactual conditionals）

例76 (a) If Nixon had won the 1960 election, he would not

---

⑱ 參看本書＜如言的定義＞。
⑲ 參看 Carney 前書 p. 206.
⑳ 參看 W. V. O. *Method of Logic*, p. 13, 1959.

> have written the book *Six Crises.*
>
> (b) If the train had been late, we would have missed our connection.㉑

〔解〕這兩句話明顯爲反事實如言。一個反事實如言，其前件實際上是了解做假的。因此，整個句子的假，並不由前件爲眞和後件爲假而獲得。因此，一個反事實如言不可表示爲 $(A \to B)$。反事實如言的眞値條件，是科學哲學和語言哲學的問題。

例77　如果愛神降臨，我早就結婚了。

〔解〕在英文，反事實如言通常可以從動詞的變化形態上識別出來。英文文法上所謂虛擬語句 (subjunctive sentences) 就是這一類語句。上面例 75 的兩個句子，也是虛擬語句。但是，在中文，卻沒有相當的語形變化可資識別。因此，我們只得從語句本身的意含以及語句所在系絡來識別。例如這個例子，從語意上我們可以看出是一個反事實如言。像這種句子，就不可用 $(A \to B)$ 來表示。

(iii) 表示因果關連而不是表示純粹條件關係的如言。

例78　如果這塊鐵在 t 時間放在火裡，則會熔解。㉒

〔解〕在通常情況下，說這句話的人所要斷說的是，這塊鐵在 t 時間放在火裡和這塊鐵的熔解之間，有某種因果關連。因此，只有這種關連果眞存在，這句話才眞。如果這塊鐵確實在 t 時間放在火裡，可是卻不會熔解，則這句話無疑是假的。可是，如果這塊鐵放在火裡而熔解的時間是 r 而不是 t，則這句話應該爲假。然而，如果依我們前面如言的定義，此時前件爲假，則不論後件爲眞爲假，整個句子爲眞。這裡便有不符合的情形。所以，一個表示因果關係的如言，不可用 $(A \to B)$ 來表示。

當然，要區分一個如言是表條件關係還是表因果關連，不是一件簡單的事。

㉑ 參看 Carney 前書 p. 260 及 p.210.
㉒ 參看 E. Mendelson, *Introduction to Mathematical Logic*, Princeton, 1964, p. 14.

(8)在中文，「只有」，「才」，「就」，「否則」（不然）和「除非」，等等字眼也表示如言。例如，設

$$P \leftrightarrow 你去$$

$$Q \leftrightarrow 我去$$

例79 你去我就去。

〔解〕這句話是說，「如果你去我就去」。 故可用（$P \to Q$）來表示。

例80 你去我才去。

〔解〕這句話是不是說「你去我就去」呢？ 不是。 這句話是說， 你去是我去的必要條件。所謂你去是我去的必要條件，是指如果你不去我就不去。但是你去我未必去。因此，這句應譯成

$$(\sim P \to \sim Q)， 亦卽（Q \to P）。$$

例81 只有你去我才去。

〔解〕在中文，當語句連詞用的「只有」一詞常跟「才」字連在一起用。「只有你去我才去」的意思跟「你去我才去」是一樣的。前者多了「只有」一詞，表示強調你去為我去的必要條件而已。故本例如前例一樣，應譯成（$Q \to P$）。

在英文， 相當於語句連詞「只有」的字眼是「only if」。

例82 (a) 你去，否則我去。

　　　　 (b) 你去，否則我不去。

〔解〕「A否則B」的意思是「如果不是（非）A，則B」，亦卽（$\sim A \to B$）。「否則」一詞放在後件的前頭，把後件引出來，以外，還把前件加以否定。因此，上述兩句話可分別改寫為：

(a′) 如果你不去，我就去。

(b′) 如果你不去，我就不去。

所以，它們可分別譯為（$\sim P \to Q$）和（$\sim P \to \sim Q$）。

例83　(a) 除非你去，（否則）我去。

　　　(b) 除非你去，（否則）我不去。

〔解〕當語句連詞用的「除非」（unless）一詞的意思是「如果不」。但是，「除非」和「否則」連在一起用時，和它們單獨用的意思是一樣的，只是連在一起用時，語調加強而已。因此，「除非 A，否則 B」和「除非 A，B」以及「A，否則 B」都是一個意思。顯然，上面兩個句子可分別譯爲 $(\sim P \to Q)$ 和 $(\sim P \to \sim Q)$。

11.　雙如言

如前面說的，我們把雙如言 $(A \leftrightarrow B)$ 定義成「$(A \to B) \& (B \to A)$」。由此可知，雙如言是由兩個相關的如言的連言所形成的。雙如言中兩個如言的前後件剛好對調。根據上述定義，我們可把 $(A \leftrightarrow B)$ 唸成，「如果 A 則 B，並且如果 B 則 A。」試看下面的眞值表：

$[(A \leftrightarrow B)]$	$[(A \to B) \ \& \ (B \to A)]$
T T T	T T T　T　T T T
T F F	T F F　F　F T T
F F T	F T T　F　T F F
F T F	F T F　T　F T F

由這個眞值表可知，當 A 和 B 的值相同時，$(A \leftrightarrow B)$ 爲眞，其它情形一概爲假。在日常語言裏，有沒有和 $(A \leftrightarrow B)$ 相應的語句呢？試看下面的例子：

例84　有而且只有妳嫁給我，我才把這棟房子給妳。

〔解〕設　$P \leftrightarrow$ 妳嫁給我

　　　　　$Q \leftrightarrow$ 我把這棟房子給妳

那麼，這句話即可譯成 $(P \leftrightarrow Q)$。爲什麼呢？首先讓我們看看這句話到底是什麼意思。想想看，這句話實際等於說：

妳嫁給我，我就把這棟房子給妳，而且只有妳嫁給我，我才把這
棟房子給妳。

根據前面對語句連詞「就」，「而且」，「只有」，「才」等的了解，我
們可把這改寫後的語句譯成：

$$[(P \to Q) \& (Q \to P)]$$

根據定義，此式和 $(P \leftrightarrow Q)$ 等值。所以，用 $(P \leftrightarrow Q)$ 來表示本例，是
適當的。

關於雙如言，下面幾點值得注意。

(1)在中文，下列形式的語句可用 $(A \leftrightarrow B)$ 來表示：

有而且只有 A 才 B；

A 剛好 B；

A 恰好 B。

在中文，雙如言可以說不十分發達。

(2)在英文，最典型的雙如言詞是「if and only if」。「A if and
only if B」是典型的雙如言。這個雙如言可改寫為：

A if B and A only if B。

此句可依次表示為「$(B \to A)$ and $(A \to B)$」，亦卽表示為 $[(A \to B) \& (B \to A)]$。下列各形式，可視為「A if and only if B」的變
體：[23]

A if B（一種簡寫）；

A if B and B if A；

If A then B, and conversely；

A exactly if B；

A exactly on condition that B；

---

[23] 參看 Kleene 前書 p. 63.
[24] 例 84-93 參看 Kalish 前書 pp. 43-47.

A exactly when B;

A just in case B;

A is (a) necessary and sufficient (condition) for B;

A is materially equivalent to B;

A is equivalent to B （有時）

例84　(a) Alfred will be elected exactly on condition that he stands for office.

(b) Just in case Alfred stands for office will he be elected.㉔

〔解〕這兩句話都是「Alfred will be elected if and only if Alfred stands for office」的變體。

例85　Errors will decrease in the subject's performance just in case neither motivation is absent nor learning has not occurred.

〔解〕設 P ↔ errors will decrease in the subject's performance

Q ↔ motivation is absent

R ↔ learning has occurred

那麼，這句話可逐次譯為:

(a₁) (Errors will decrease in subject's performance just in case ($\sim Q \& \sim \sim R$))

(a₂) [$P \leftrightarrow (\sim Q \& R)$]

例86　Assuming either that logic is difficult or that the text is not readable, Alfred will pass only if he concentrates.

〔解〕設 P ↔ logic is difficult

Q ↔ the text is readable

R ↔ A lfred will pass

— 70 — 邏輯與設基法

$S \leftrightarrow$ Alfred concentrates

那麼，這句話可逐次譯為：

(a₁) (assuming $(P \lor \sim Q)$, $(R \to S)$)

(a₂) $[(P \lor \sim Q) \to (R \to S)]$

例87 Unless logic is difficult, Alfred will pass if he concentrates.

〔解〕設 $P \leftrightarrow$ logic is difficult

$Q \leftrightarrow$ Alfred will pass

$R \leftrightarrow$ Alfred concentrates

那麼，這句話可逐次譯為：

(a₁) (Unless logic is difficult, $(R \to Q)$)

(a₂) $[\sim P \to (R \to Q)]$

例88 Assuming that the professor is a Communist, he will sign the loyalty oath; but if he is an idealist, he will neither sign the loyalty oath nor speak to those who do.

〔解〕設 $P \leftrightarrow$ the professor is a Communist

$Q \leftrightarrow$ the professor will sign the loyalty oath

$R \leftrightarrow$ the professor is an idealist

$S \leftrightarrow$ the professor will speak to those who sign the loyalty oath

那麼，這句話可逐次譯為：

(a₁) $((P \to Q)$; if he is an idealist, $\sim(Q \lor S))$

(a₂) $((P \to Q)$; $(R \to \sim(Q \lor S)))$

(a₃) $[(P \to Q) \& (R \to \sim(Q \lor S))]$

例89 If Alfred and Mary are playing dice together, it is the first throw of the game, and Mary is throwing the dice, then she wins the game on the first throw if and only if she throws 7 or 11.

〔解〕設 $P \leftrightarrow$ Alfred is playing dice

$Q \leftrightarrow$ Mary is playing dice

$R \leftrightarrow$ Alfred and Mary are playing dice together

$S \leftrightarrow$ it is the first throw of the game

$T \leftrightarrow$ Mary is throwing the dice

$U \leftrightarrow$ Mary wins on the first throw

$V \leftrightarrow$ Mary throws 7

$W \leftrightarrow$ Mary throws 11

那麼，這句話可逐次譯爲：

(a₁) $(If(R \& S \& T), then(U \leftrightarrow (V \vee W)))$

(a₂) $[(R \& S \& T) \rightarrow (U \leftrightarrow (V \vee W)]$

例90 If the world is a progressively realized community of interpretation, then either quadruplicity will drink procrastination or, provided that the Nothing negates, boredom will ensue seldom more often than frequently.

〔解〕設 $P \leftrightarrow$ the world is a progressively realized community of interpretation

$Q \leftrightarrow$ quadruplicity will drink procrasination

$R \leftrightarrow$ the Nothing negates

$S \leftrightarrow$ boredom will ensue seldom more often than frequently

那麼，這句話可逐次譯爲：

(a₁) (If the world is a progressively realized community of interpretation, then $(Q \vee (R \rightarrow S)))$

(a₂) $[P \rightarrow (Q \vee (R \rightarrow S))]$

(3)下列三個例子都有歧義。因此，可能有多種解釋。

例91 Errors will occur in the subjects performance if and only if motivation is absent or learning has not taken place.

〔解〕這句話可做下列兩個解釋:

(a) (Errors will occur in the subject's performance if and only if (motivation is absent or it is not the case that learning has taken place))

(b) ((Errors will occur in the subject's performance if and only if motivation is absent (or it is not the case that learning has taken place)

設 $P \leftrightarrow$ errors will occur in the subject's performance

$Q \leftrightarrow$ motivation is absent

$R \leftrightarrow$ learning has taken place

那麼, 這兩個解釋可分別表示為:

(a′) $[P \leftrightarrow (Q \vee \sim R)]$

(b′) $[(P \leftrightarrow Q) \vee \sim R]$

例92 If either a war or a depression occurs then neither science nor music and literature will flourish unless the government supports research and provides patronage artists.

〔解〕設 $P \leftrightarrow$ a war occurs

$Q \leftrightarrow$ a depression occurs

$R \leftrightarrow$ science will flourish

$T \leftrightarrow$ literature will flourish

$U \leftrightarrow$ the government will support research

$V \leftrightarrow$ the government will provide patronage for artists

那麼, 這句話可有下面兩個表示:

(a) $[(P \vee Q) \rightarrow (\sim(U \& V) \rightarrow \sim(R \vee (S \& T)))]$

(b) $[\sim(U \& V) \rightarrow ((P \vee Q) \rightarrow \sim(R \vee (S \& T)))]$

例93 If Mary belongs to a sorority then she will be graduated from college only if she resists temptation, provided that she is not attractive or intelligent.

〔解〕設 $P \leftrightarrow$ Mary belongs to a sorority

$Q \leftrightarrow$ Mary will be graduated from college

$R \leftrightarrow$ Mary resists temptation

$S \leftrightarrow$ Mary is attractive

$T \leftrightarrow$ Mary is intelligent

這句話好幾個地方有歧義。首先,「provided」一詞所引出來的句子, 就有下面兩種解釋:

(a₁) $\sim(S \vee T)$; (a₂) $(\sim S \vee T)$

又「provided」一詞前面的整個句子也可能有下面兩種解釋:

(b₁) $[P \rightarrow (Q \rightarrow R)]$; (b₂) $[(P \rightarrow Q) \rightarrow R]$

把(a₁), (a₂), (b₁), 和(b₂) 整個考慮在一起, 本例可有下面四種譯法:

(i) $[\sim(S \vee T) \rightarrow [P \rightarrow (Q \rightarrow R)]]$

(ii) $[\sim(S \vee T) \rightarrow [(P \rightarrow Q) \rightarrow R]]$

(iii) $[(\sim S \vee T) \rightarrow [P \rightarrow (Q \rightarrow R)]]$

(iv) $[(\sim S \vee T) \rightarrow [(P \rightarrow Q) \rightarrow R]]$

(4) 在數理科學上, 雙如言的標準寫法, 在英文通常為「A if and only if B」。在中文呢, 似乎還沒有一個標準的雙如言詞。 現在, 大家似乎怎樣譯英文的「if and only if」; 便怎麼用它來表示雙如言詞。譬如,

下面一些詞組便是可能用來翻譯「if and only if」的：

(i) 如果而且僅僅如果

(ii) 當而且只（僅）當

(iii) 若且唯若

(iv) 有而且只有

(v) 恰好（恰恰，剛好）如果

這些譯法都對，但那些比較好呢？首先，我們要提出下列幾點來當這裏所謂好壞的標準：

(a) 要和有關的習用法保持和協

(b) 要口語化

(c) 要簡單

現在根據這些標準來評定看看。

(i) 如果而且僅僅如果　由於我們用「如果…則（就）」來表示「if …then」，用「而（且）」來表示「and」，所以，這個譯法合乎 (a) 的要求。這個譯法顯然也合乎 (b) 的要求。但是，用八個字來表示一個連詞，顯然太冗長了，不合乎 (c) 的要求。我們不採這個譯法。

(ii) 當而且只（僅）當　比起（i），這個譯法是短多了。尤其是有人把「而」字省掉以後更短。問題是「當且只當」四個字合在一起欠口語化，不合 (b) 的要求。我們希望維持「當而且只當」五個字。這五個字的用法合乎 (b) 和 (c) 的要求。但就要求 (a) 來說，這個用法並不令人滿意。因為，既然我們把「if…then」譯成「如果…則」，而「if and only if」又和「if…then」有密切的關係，這樣，為什麼在譯前者的時候，要把「如果」換成「當」呢？這實在不必要。更且，使用「當」字，會使如言的暗示消失掉。因此，這個譯法並不合乎 (a) 的要求。我們要拿這個譯法當雙如言詞的一種變體來用。

(iii) 若且唯若　這個譯法雖然合乎 (c) 的要求，而且對把「if」譯

成「若」的人來說，也合乎（a）。可是，這個詞組實在很不口語化。不信請看下例，

　　例94　妳嫁給我若且唯若我把這棟房子給妳。

　　〔解〕這句聽來多彆扭，唸起來多拗口。這好像在兩個妙齡少女中間站着一個老太婆，很不和協。就口語化的要求來說，這個譯法不能接受。我們不採用這個譯法。

　　（iv）有而且只有　這個詞組應該是一個很典型的中文，而且也算簡短。可是，這個詞組至少在表面上把「如言」的意含掩蓋起來。同時也和（ii）的毛病一樣，不夠協和。所以，我們不把它當做典型的雙如言詞。不過，在某些場合，它卻很合用。例如，

　　例95　有而且只有妳愛我，我才開心。

　　這樣，我們要把它當雙如言詞的一個變體來用。

　　（v）恰好（恰恰，剛好）　如果這個譯法顯然合乎（c）的要求。而且也保留「如果」的意含，所以也合乎（a）的要求。這個譯法是口語化的，雖然可能略有「新創」而有點不習慣的味道。不過，久而久之，相信自然成習。在英文，「just in case」是一個常用的雙如言詞。用「恰好如果」來譯「just in case」再恰當也沒有了。這樣，我就把「恰好如果」當做「if and only if」的標準譯法。

　　設 A，B 為語句。那麼，我們既可說「A 恰好如果 B」，也可說「恰好如果 A，則 B」。在 A，B 比較短時用前者，比較長時則用後者。

　　上面五種譯法中，我認為（i）和（iii）實在可以去掉不用。其它三種，則可酌情採用。

三. 量詞(號)與述詞

12. 小 引

在第二章，我們引進包含語句連號的 L 語言。這樣的語言，通常叫做命題演算語言 (language of propositional calculus)。在本章我們要擴充這個語言，使它能包含量號（詞）(quantifiers)、述詞（號）(predicates) 和 (個) 常元 (individual constants) 和 (個) 變元 (individual variables)。這樣擴充所得語言，通常叫做述詞演算語言 (language of predicate calculus)。述詞語言是以語句語言為基礎而擴充得來的。因此，述詞語言包括語句語言。

現在我們把述詞語言描述如下：

㈠基本符號

(1)原子語句字母：$P, Q, R\cdots$；$P_1, Q_1, R_1,\cdots$；$P_2, Q_2, R_2,$ ⋯

(2)語句連號：$\sim$ 和 &

(3)真假值：T，F

(4)括號：「（ ）」及其變體

(5)個元 (individuals)

    (a) 個常元：$a, b,\cdots e$；$a_1, b_1,\cdots e_1$；$a_2, b_2,\cdots e_2$；⋯

    (b) 個變元：$u, v, x,\cdots$；$u_1, v_1, x_1,\cdots$；$u_2, v_2, x_2,$⋯

(6)述詞字母：$F, G,\cdots O$；$F_1, G_1,\cdots O_1$；$F_2, G_2\cdots O_2$；⋯

㈡語句形成規則

(1)任何語句字母都是語句。

(2)如果 A 是語句，則 $\sim B$ 是語句。

(3)如果 A 和 B 是語句，則 $(A \& B)$ 也是語句。

(4)如果 A 為語句或句式，而 α 為個元，則 ⴺαA 為語句。

對上面的描述有幾點補充:

(1)第二章的定義規則和眞值表解釋，仍適合於述詞語言。

(2)在述詞語言，中我們引進下面一些定義:

（ i ） $(A \vee B)=$df $\sim(\sim A \& \sim B)$

（ii） $(A \rightarrow B)=$df $(\sim A \vee B)$

（iii） $(A \leftrightarrow B)=$df $[(A \rightarrow B) \& (B \rightarrow A)]$

（iv） $(\alpha)A=$df $\sim(ⴺ\alpha)\sim A$

(3)我們稱「ⴺα」為存在量號 (existential quantifiers) 。「ⴺα…」的意思是，在所論範圍 (domain) 或集合裏，至少有一個元素 α 存在，而 α …。所以，「ⴺαA」的意思是，至少有一個元素滿足A。換句話說，至少有一個東西具有A所述性質。

13. 一元述詞

所謂一元述詞 (one-place predicates) 是指述詞後面僅僅跟著一個個元的述詞。例如「Fa」，「Gx」，和「ⴺxHx」中「F」，「G」和「H」都是一元述詞。我們把「$A\alpha$」唸成「α 是 A」，「αA」，或「α 具有性質A」。把「ⴺ$\alpha A\alpha$」唸成「有些 α 是 A」，「有些 $A\alpha$」，或「有些 α 具有性質 A」。現在看看利用一元述詞可做些什麼翻譯。

例96 蘇格拉底是哲學家。

〔解〕設 $a=$ 蘇格拉底

$Fx \leftrightarrow x$ 是哲學家

那麼，可把這一句話譯成 Fa。

我們可把「蘇格拉底不是哲學家」譯成 $\sim Fa$，這表示「Fa 是假的」。

例97　有些哲學家失業。

〔解〕這是一句日常語言。從文字表面，這句話的邏輯結構很不容易看出來。爲要尋找其邏輯結構，我們必須把它改寫。它可改寫爲：

(a₁) 至少有一個個元，該個元是哲學家，並且該個元失業。

其次，利用變元可把它改寫爲：

(a₂) 至少有一個 x，x 是哲學家，並且 x 失業。

那麼，設 $Fx \leftrightarrow x$ 是哲學家

$$Gx \leftrightarrow x \text{ 失業}$$

則 (a₂) 又可改寫爲：

(a₃) 至少有一個 x，Fx 並且 Gx。

(a₃) 順理成章可改寫爲：

(a₄) 至少有一個 x，$(Fx \& Gx)$。

「至少有一個x」爲存在量詞。它可表示爲「$\exists x$」。最後可把 (a₄) 改寫爲

$$(\exists x)(Fx \& Gx)$$

例98　有些馬不吃草。

〔解〕如果把「$A\alpha$」唸成「αA」，則可把「$\sim A\alpha$」唸成「α 不 A」。依上例，本例可改寫爲

至少有一個個元，該個元是馬，並且該個元不吃草。

設　　　　$Fx \leftrightarrow x$ 是馬

$$Gx \leftrightarrow x \text{ 吃草}$$

那麼，我們可把這一句譯成

$$(\exists x)(Fx \& \sim Gx)$$

關於一元述詞，下面幾點值得注意。

(1)我們將把 $(\alpha)A\alpha$ 定義成 $\sim(\exists\alpha)\sim A\alpha$。後者是說，有 α 不是 A 是假話，亦卽所有(凡) α 是 A。我們將把 $(\alpha)A\alpha$ 中的「(α)」，叫做

全稱量號（universal　quantifier）。這樣，我們可把「$(\alpha)A$」唸成「所有 α 是 A」。

例99　所有東西都是甜的。

〔解〕設 $Fx \leftrightarrow x$ 是甜的

那麼，這句話可譯成

$$(x)Fx$$

例100　凡人都會死。

〔解〕這句話可分析為

(a₁) 對每一個個元，如果該個元是人，則該個元會死。

這又可改寫為

(a₂) 對每一個 x，如果 x 是人，則 x 會死。

設　　　$Fx \leftrightarrow x$ 是人

　　　　$Gx \leftrightarrow x$ 有死

那麼，(a₂) 可改寫為

(a₃) 對每一個 x，如果 Fx，則 Gx。

這可改寫為

(a₄) 對每一個 x，$(Fx \to Gx)$

現在用量號「(x)」代「對每一 x」，則 (a₄) 可改寫為

(a₅)　　$(x)(Fx \to Gx)$

我們稱「(x)」為全稱量號

例101　所有北一女學生都沒戴眼鏡。

〔解〕設 $Fx \leftrightarrow x$ 是北一女學生

　　　　$Gx \leftrightarrow x$ 戴眼鏡

那麼，這句話可譯為

$$(x)(Fx \to \sim Gx)$$

(2)設「A」表主詞（subject），「B」表述詞（predicate）。在傳統

邏輯上，把「有些 A 是 B」這類語句稱爲偏稱命題 (particular proposition)；把「所有 A 是 B」這類語句稱爲全稱命題(universal proposition)。根據上面幾個例子 (例 96-99) 的譯法，我們把「有些 A 是 B」譯成 $(\exists x)(Ax \& Bx)$ 這個形式，而把「所有 A 是 B」譯成 $(x)(Ax \to Bx)$這個形式。把「所有 A 是 B」譯成 $(x)(Ax \to Bx)$，在直覺上是很自然的。可是，在直覺上，似乎把「有些 A 是 B」譯成$(\exists x)(Ax \to Bx)$也無不可以。但直覺並不經常可靠。現在我們要顯示，用 $(\exists x)(Ax \to Bx)$ 來譯「有些 A 是 B」並不適當。請看下例。

例102 有些北一女學生是男生。

〔解〕設　　$Fx \leftrightarrow x$ 是北一女學生

　　　　　　$Gx \leftrightarrow x$ 是男生

那麼，參照例 96，這句話應譯成

　　$(\exists x)(Fx \& Gx)$

現在，假若不這樣譯，而卻譯成

　　$(\exists x)(Fx \to Gx)$

看看是否適當。我們都知道，例 102 是一句假話,因爲北一女從未有男生。可是，假如我們把它譯成 $(\exists x)(Fx \to Gx)$，則這個句式告訴我們原句子是一句眞話。爲什麼呢？因爲，$(\exists x)(Fx \to Gx)$ 可以化成 $(\exists x)(\sim Fx \lor Gx)$。現在 $(\exists x)\sim Fx$ 和 $(\exists x)Gx$ 之中，只要有一個爲眞，則 $(\exists x)(\sim Fx \lor Gx)$ 便眞。$(\exists x)\sim Fx$ 顯然爲眞。因爲，只要世界上有一個東西不是北一女學生，$(\exists x)\sim Fx$ 便眞。事實上，世界上至少是有一個東西不是北一女學生。這是再顯然也沒有了。因此，$(\exists x)(\sim Fx \lor Gx)$ 爲眞是不用說的。可是，例 102 顯然是一句假話。因此，$(\exists x)(Fx \to Gx)$ 不是例 102 的適當翻譯。一個適當翻譯最起碼的條件是，翻譯的語句和原語句一定要等值。

(3)在日常語言裏，下列形式的語句可譯爲 $(\exists x)Ax$：㉕

　　至少有一個 x, Ax。

　　有 x, Ax。

　　For some x, Ax。

　　For suitable x, Ax。

　　There exists an x such that Ax。

　　There is some x such that Ax。

　　Some one is A。

　　Somebody is A。

　　Something is A。

　　For at least one x, Ax。

　　At least one is A。

(4)在日常語言裏，下列形式的語句可譯爲 $(x)Ax$：

　　對所有 x, Ax。

　　對每一 x, Ax。

　　對任一 x, Ax。

　　For all x, Ax。

　　For every x, Ax。

　　For each x, Ax。

　　For arbitrary x, Ax。

　　Whatever x is, Ax。

　　Ax always holds。

　　Everyone is A。

　　Everything is A。

　　Each one is A。

　　Each person is A。

────────────────

㉕ 以下 (3) 至 (8) 參看 Kleene 前書 pp.141–143.

Each thing is A。

(5)當否定號和量號一起出現時，否定號出現在量號之前和出現在後的意義並不一樣。

（ i ）下列一些形式的語句可表示爲 $\sim(x)Ax$。

　　並非所有 x, Ax。

　　不是所有 x, Ax。

　　Ax 不恒成立。

Not for all x, Ax。

Ax does not always hold。

Ax does not hold for all x。

Not everyone is A。

(ii) 下列一些形式的語句可表示爲 $(x)\sim Ax$。

　　對所有x, 並不Ax。

For all x, not Ax。

Ax always fails。

Everyone is not A。

(iii) 下列一些形式的語句可表示爲$\sim(\exists x)Ax$。

　　並非有些 x 使得 Ax。

There does not exist an x such that Ax。

There does not exist any x such that Ax。

There exists no x such that Ax。

There is no x such that Ax。

There isn't any x such that Ax。

There isn't anyone who is A。

(iv) 下列一些形式的語句可表示爲 $\exists x\sim Ax$。

　　有些 x 不會是 Ax。

　　　　For some x, not Ax。

　　　　Someone is not A。

(6)在英文，「any」一字有時表示「all」，有時卻表示「some」。

　（i）當「any」語詞單獨出現時，「any」有和「all」相同的邏輯力量。下列一些形式的語句可表示為 $(x)Ax$。

　　　　For any x, Ax。

　　　　Anyone is A。

　　　　Anybody is A。

　　　　Anything is A。

　（ii）當「any」語詞出現在「$\sim A$」或「$A \to B$」時，「any」的意念通常要由「all」變為「some」。例如，下列一些形式的語句，應表示為 $\sim \exists x Ax$。

　　　　Not for any x, Ax。

　　　　For no x, Ax。 (no = not any)

　　　　No one is A。

　　　　Nobody is A。

　　　　Nothing is A。

　（iii）注意下列各形式中「any」的用法。下列各句形後面的符號式，是各該句形應有的符號翻譯:

　　　　If Ax for any x, then B。

　　　　　　$[(\exists x)A \to B]$

　　　　If anyone is A, then B。

　　　　　　$[(\exists x)Ax \to B]$

　　　　If A, then, for any x, B。

　　　　　　$[A \to (x)Bx]$

　　　　For any x, Ax。

$(x)Ax$

Any A is B。

$(x)(Ax \rightarrow Bx)$

Not for any x, Ax。

$(x)\sim Ax$

If Ax for any x, then B。

$(x)(Ax \rightarrow B)$

If A, then, for any x, Bx。

$(x)(A \rightarrow Bx)$

(7)英文的不定冠詞「a」(an)，有時當「all」講，有時當「some」講。

例103 A child needs affection.

〔解〕這裏的「a child」顯然是當「all children」講。所以，

設　　$Fx \leftrightarrow x$ is a child

$Gx \leftrightarrow x$ needs affection

那麼，此句可譯成 $(x)(Fx \rightarrow Gx)$

例104 A man was here.

〔解〕這裏的「a man」是指某某人。所以，此句的意思是「some man was here」。

(8)下面是量號和「&」或「∨」用在一起的若干例子。每一句形後的符號式，是各該句形應有的符號翻譯：

Someone is A and B。

$(\exists x)(Ax \ \& \ Bx)$

Someone is A and someone is B。

$[(\exists x)Ax \ \& \ (\exists x)B]$

Everyone is A or B。

$(x)(Ax \lor Bx)$

All except A are B。

$(x)(Ax \lor Bx)$

Everyone is A or everyone is B。

$[(x)Ax \lor (x)Bx]$

(9)「和」(and) 和「或」(or) 的譯法。 對應於日常語言的「和」字，有時要用「&」來表示，有時卻要用「∨」來表示。「或」字也一樣。

例105 Quakers and members of peace movements are either deluded or they are right in their views.[26]

〔解〕在做量號翻譯時，到底要用全稱量號「(x)」，還是存在量號「$(\exists x)$」，有時候很容易看出來； 但有時候非要仔細揣摩句子的意思， 不能決定。在本例中，既沒有使用「all」或其同義詞，也沒有使用「some」或其同義詞。那麼，對應於「Quakers and members of peace movements」， 到底要用全稱量號還是存在量號呢？從整個句意， 可以看出是要用全稱量號的。

其次，對應於「Quakers and members」的「and」，是要用「&」還是「∨」呢？ 這也就是說，設

$Fx \leftrightarrow x$ is a Quaker

$Gx \leftrightarrow x$ is a member of peace movements

$Hx \leftrightarrow x$ is deluded

$Ix \leftrightarrow x$ is right in his view

那麼，例105 應譯爲下列兩式中的那一個呢？

(a) $(x)[(Fx \& Gx) \to (Hx \lor Ix)]$

(b) $(x)[(Fx \lor Gx) \to (Hx \lor Ix)]$

從句意可以知道，這裏所談到的人，只要具有 Quakers 或 members of

[26] 參看 Carney 前書 p. 282.

peace movements 中任一身份卽行。所以，這句話應譯爲 (b) 才對。

例106 勤勉、聰明、和機運，是一個學人成功的必要條件。

〔解〕設　$Fx \leftrightarrow x$ 勤勉

$Gx \leftrightarrow x$ 聰明

$Hx \leftrightarrow x$ 有機運

$Ix \leftrightarrow x$ 是學人

$Lx \leftrightarrow x$ 成功

那麼，此句應譯爲：

$(x)[(Ix \& Lx) \rightarrow (Fx \& Gx \& Hx)]$

例107 來參加舞會的都是男生和女生。

〔解〕設 $Fx \leftrightarrow x$ 來參加舞會

$Gx \leftrightarrow x$ 是男生

$Hx \leftrightarrow x$ 是女生

那麼，此句應譯成 $(x)[Fx \rightarrow (Gx \lor Hx)]$

注意，不要把此句譯成 $(x)[(Fx \rightarrow (Gx \& Hx)]$ 。 爲什麼？ 請讀者自己說說看。

例108 來參加舞會的是男生或女生。

〔解〕此句與上例的意思完全一樣。

(10) 「only」和「只有」所呈現的語句結構值得注意。

例109 (a) Only citizens are voters.

(b) None but citizens are voters.[27]

〔解〕這兩句話的意思都是:

All voters are citizens.

(11)在前面討論如言時，我們說過，一般化如言不可譯成 $(A \rightarrow B)$ 的形式。現在來看看一般化如言要如何譯成邏輯符號。

---

[27] 參看 Kalish 前書 p. 92.

例110 如果一個人能游過這海峽，則他將獲獎。

〔解〕這個例子和例 73 完全一樣。這句話可改寫爲

(a₁) 對任何一個人，如果他能游過這海峽，則他將獲獎。

設　　$Fx \leftrightarrow x$ 能游過這海峽

　　　$Gx \leftrightarrow x$ 將獲獎

則 (a₁) 可寫成 $(x)(Fx \to Gx)$。$(x)(Fx \to Gx)$ 和 $(A \to B)$ 的邏輯結構並不一樣。

例111 If anything is a vertebrate, it has a heart.

〔解〕這句話可改寫爲:

For anything x, if x is a vertebrate, it has a heart.

這句話要怎樣譯成符號便很清楚。

例112 故苟得其養，無物不長；苟失其養，無物不消。

　　　(《孟子》・告子篇)

〔解〕這裏的「故」字，是論證指示詞 (argument indicator)，和我們要討論的翻譯無關。我們這裏要譯的是語句:「苟得其養，無物不長；苟失其養，無物不消。」在這句話中，分號「；」前面和後面的句子，沒有眞値關連。故這兩者可獨立譯成符號。先看看語句，「苟得其養，無物不長。」這句話可改寫爲

(a₁) 對任何一 x，如果 x 得其養，則 x 會長。

設　　$Fx \leftrightarrow x$ 得其養

　　　$Gx \leftrightarrow x$ 會長

則 (a₁) 可改寫爲 $(x)(Fx \to Gx)$。

語句，「苟失其養，無物不消」，可依同理處理。但這裏有一個問題。那就是:「x 得其養」和「x 失其養」是否爲彼此矛盾？又「x 長」和「x 消」是否彼此矛盾？嚴格說，這不是邏輯問題。這只是「得」，「失」，「長」，「消」等的文意問題。

14. 多元述詞

後面跟着兩個或兩個以上個元的述詞，叫做多元述詞。多元述詞表示個元與個元之間的某種關係。一元述詞只是表示個元的某種性質。利用多元述詞，我們可把大部分的日常語言表示在 L 內。相對於多元述詞，我們可把語句字母看成零元述詞。

例113 蘇格拉底是柏拉圖的老師。

〔解〕設　　　$a = $ 蘇格拉底

　　　　　　　$b = $ 柏拉圖

　　　　　　　$Fxy \leftrightarrow x$ 是 y 的老師

那麼，此句可譯成 Fab。

下面幾點值得注意。

(1)一個語句要用幾元述詞來翻譯，完全看需要而定。一個語句沒有非譯成某一定數目元的述詞不可。但每一個語句可能譯成的述詞元數有其上限和下限。下限為零元，上限依情況而定。

例114 新竹在臺北和高雄之間。

〔解〕這個句子既可譯成零元述詞，又可譯成二元述詞或三元述詞。

(i)如果要譯成零元述詞，則因此句為原子語句，所以可用「P」來代表整個句子。

(ii)如果要譯成一元述詞，則此句可有三種譯法：

　　(a₁) 設 $a = $ 新竹

　　　　　$Fx \leftrightarrow x$ 在臺北和高雄之間

則此句可譯成 Fa。

　　(a₂) 設 $a = $ 臺北

　　　　　$Fx \leftrightarrow$ 新竹在 x 和高雄之間

則此句可譯成 Fa。

(a₃) 設 $a =$ 高雄

$Fx \leftrightarrow$ 新竹在臺北和 x 之間

則此句可譯成 Fa。

(iii) 如果要譯成二元述詞，則此句也可有三種譯法：

(a₁) 設 $a =$ 新竹

$b =$ 臺北

$Fxy \leftrightarrow x$ 在 y 和高雄之間

則此句可譯成 Fab。

(a₂) 設 $a =$ 臺北

$b =$ 高雄

$Fxy \leftrightarrow$ 新竹在 x 和 y 之間

則此句可譯成 Fab。

(a₃) 設 $a =$ 高雄

$b =$ 新竹

$Fxy \leftrightarrow x$ 在臺北和 y 之間

則此句可譯成 Fba。

(iv) 如果要譯成三元述詞，則此句有下述譯法。

設 $a =$ 新竹

$b =$ 臺北

$c =$ 高雄

$Fxyz \leftrightarrow x$ 在 y 和 z 之間

則此句可譯成 $Fabc$。

(2)在英文，「one」和冠詞「a」常用來當量詞的變體。在日常語言，有「如果（if）」一詞用在句子的開頭，但卻不是表示單純如言，而是表示全稱語句的情形。又在日常語言，代名詞常擔當 L 語言中變元的任務。

例115 If a professor is a Communist and all Communists are

subsersive, then he is subsersive.❷

〔解〕在本例中，「if」顯然在句子的開頭，但這句話不是一個如言，而是一個全稱語句。第一個「a」出現是表示量詞「all」的意思。代名詞「he」是變元，不是常元。有了這些認識以後，我們可把此句改寫爲:

> For each x (if x is a professor and x is a Communist) and
> for each y (if y is a Communist, then y is subsersive),(then x
> is subsersive)

設　　$Fx \leftrightarrow x$ is a professor

　　　$Gx \leftrightarrow x$ is a Communist

　　　$Hx \leftrightarrow x$ is subsersive

那麼，可把上句譯成

$$(x)\{[(Fx\&Gx)\&(y)(Gy \to Hy)] \to Hx\}$$

例116 If one instant of time is after a second, then there is an instant of time after the second and before the first.❷

〔解〕$Fx \leftrightarrow x$ is an instant of time

　　　$Gxy \leftrightarrow x$ is after y

　　　$Hxy \leftrightarrow x$ is before y

在這句話中，「one」和第一個「a」的出現，都是「all」的變體。故此句可改寫爲

> If one arbitrary instant of time is after a second arbitrary
> instant of time, then⋯。

現在可把此句改寫爲

(a₁) For each x, for each y ((if x is an instant of time, and

---

❷ 參看 Kalish 前書 p. 92.

❷ 參看 Suppes 前書 pp. 55–56.

　　　　x is after y), then there is a z (z is an instant of time,

　　　　z is after y, and z is before x))。

最後可把 (a₂) 譯爲

　　　$(x)(y)[(Fx \ \&Fy \ \&Gxy)\rightarrow(\exists z)(Fz \ \& \ Gxz \ \& \ Hzx)]$

例117 (a)If someone is dead, there is a murderer in the house.

　　　　(b)If someone is dead, Jones killed him.㉚

　〔解〕語句 (a) 和 (b) 都自「if」開始。表面上看來，兩者都是純粹如言。但是，事實上只有 (a) 才是純粹如言，而 (b) 則爲全稱語句。(a) 的句形是 $(A\rightarrow B)$。其中 A 爲「someone is dead」，B 爲「there is a murderer in the house.」設

　　　　$Fx \leftrightarrow x$ is a person

　　　　$Gx \leftrightarrow x$ is dead

　　　　$Hx \leftrightarrow x$ is a murderer

　　　　$Ix \leftrightarrow x$ is in the house

那麼，顯然 A 可譯爲 $(\exists x)(Fx \ \& \ Gx)$，而 B 可譯爲 $(\exists y)(Hy\&Iy)$。故 (a) 可譯爲

　　　$[(\exists x)(Fx \ \& \ Gx)\rightarrow(\exists y)(Hy \ \& \ Iy)]$

注意，此式也可寫成

　　　$[(\exists x)(Fx\&Gx)\rightarrow(\exists x)(Hx\&Ix)]$

　　在語句 (b) 中，「someone」不是表示存在的意思，而是表示「arbitrary one」的意思。而此「one」即爲「him」。所以「someone is dead」和「Jones killed him」這兩句話間的個元有某種邏輯關連。因此，設

　　　　$j =$ Jones

　　　　$Kxy \leftrightarrow x$ killed y

則 (b) 應譯成

㉚ 參看 John L. Pollock, *Introduction to Symbolic Logic* p. 99, 1969.

$$(x)[(Fx\ \&Gx)\to Kjx]$$

例118 If something is wrong with the house, then everyone in the house complains.㉛

〔解〕這句話像例 117 的（a），是一個如言。設

$Fx \leftrightarrow x$ is wrong with the house

$Gx \leftrightarrow x$ is a person in the house

$Hx \leftrightarrow x$ complains

那麼，此句應譯成

$$[(\exists x)Fx\to(y)(Gy\to Hy)]$$

例119 If something is wrong then it should be rectified.

〔解〕這句話不是一個純粹如言。像例 117 的（b），它是一個全稱語句。設

$Fx \leftrightarrow x$ is wrong

$Gx \leftrightarrow x$ should be rectified

則此句不應譯成 $(\exists x)Fx\to Gx$。也不應譯成 $(\exists x)(Fx\to Gx)$ 。而應譯成

$$(x)(Fx\to Gx)$$

例120 If something is missing then if nobody calls the police someone will be unhappy.

〔解〕這句話的句形是 $(A\to(B\to C))$。故此句可改寫爲

$(\exists x)(x$ is missing$)\to\{(y)[(y$ is a person$)\to \sim (y$ calls the police$)]\to(\exists z)[z$ is a person$)\ \&\ (z$ will be unhappy$)]\}$

例121 If something is missing then if nobody calls the police it will not be recovered.

〔解〕此句爲全稱語句。故應譯爲

㉛ 例 118-121 參看 I. M. Copi, *Symbolic Logic*, pp. 100-102, 1967.

$(x)\{(x$ is missing$)\rightarrow\{(y)[(y$ is a person$)\rightarrow\sim(y$ calls the police$)]\rightarrow\sim(x$ will be recovered$)\}\}$

(3)注意「只有」（only）出現在句子的開頭和中間之不同。

例122　只有大一學生和大一學生約會。❸❷

〔解〕這個句子的邏輯結構比表面看起來要複雜得多。爲了方便，我們暫把第一個「大一」出現改爲「大二」。這樣改寫結果可得

　　(a_1) 只有大二學生和大一學生約會。

(a_1) 的意思是

　　(a_2)　所有和大一學生約會的是大二學生。

設　　　　$Fx \leftrightarrow x$ 是大一學生

　　　　　$Gx \leftrightarrow x$ 是大二學生

　　　　　$Hxy \leftrightarrow x$ 和 y 約會

那麼，(a_2)可先改寫成

　　(a_3) $(x)(x$ 和大一學生約會 $\rightarrow Gx)$

現在的問題是要如何把「x 和大一學生約會」譯成符號。首先我們要知道，x 只要和「一個」大一學生約會，x 就是大二學生。因此，我們要把「x 和大一學生約會」譯成$(\exists y)(Hxy \& Fy)$。

那麼我們可把 (a_3) 寫成

　　(a_4) $(x)[(\exists y)(Hxy \& Fy) \rightarrow Gx]$

最後，把「G」換成「F」，即得 (a) 的翻譯：

　　(a_5) $(x)[(\exists y)(Hxy \& Fy) \rightarrow Fx]$

例123　大一學生只和大一學生約會。

〔解〕像例 122，爲方便起見，把第一個「大一」出現改爲「大二」。這樣改寫結果，得

　　(a_1) 大二學生只和大一學生約會。

---

❸❷　參看劉福增譯述《現代邏輯與集合》，p. 53, 1968.

(a₁) 可改為

(a₂) 對所有 x，如果 x 是大二學生，則 x 只和大一學生約會。

現在依前例的符號約定，可把（a₂）改寫為

(a₃)（x）($Gx\rightarrow x$ 只和大一學生約會)

現在來看「x只和大一學生約會」怎麼改成符號式。所謂「x只和大一學生約會」是指「對任何一個y，如果x和y約會，則y是大一學生」。這可寫成

$(y)(Hxy\rightarrow Fy)$

這樣，（a₃）可寫成

(a₄)（x）$[(Gx\rightarrow Cy)(Hxy\rightarrow Fy)]$

現在把「G」改寫為「F」，得

(a₅)（x）$[Fx\rightarrow(y)(Hxy\rightarrow Fy)]$

注意，本例的（a₅）和上例的（a₅）並不相同。這種不同顯示例 **122** 和本例的邏輯結構並不相同。

Ⅲ

如言的定義

1. 小　引

　　語句可由各種不同方式的組合而形成更複雜的語句 。 其中有一種組合，可以叫做真函 (truth-functional) 組合。在真函組合裡， 新語句的真假值，由其成分語句的真假值來決定。

　　在命題邏輯裡，我們有所謂否言 (negation)，連言 (conjunction)，選言 (disjunction) ， 如言 (conditional)，和雙如言 (biconditional)，等等語句。這些語句就是真函組合的語句，或簡稱為真函語句。設 P, Q 為語句，「～」，「&」，「∨」，「→」，和「↔」分別表示「非」，「而且」，「或者」，「如果…則」，和「恰好如果」。那末，$\sim P$ 就是 P 的否言，而 $(P\&Q)$, $(P\lor Q)$ ，$(P\to Q)$ ，和 $(P\leftrightarrow Q)$ 分別為 P 和 Q 的連言，選言，如言和双如言。依顧及和不顧及這些語句可能反映日常語言的意義，我們可有兩種方式給這些語句做真函定義。設「T」表示真值，「F」表示假值。那末，在不顧及這些語句可能反映日常語言的意義時， 我們可用真值表逐自給它們做真函定義如下：

(1)否言

P	$\sim P$
T	F
F	T

(2)連言

P	Q	$(P\&Q)$
T	T	T
T	F	F
F	T	F
F	F	F

(3)

P	Q	$(P \lor Q)$
T	T	T
T	F	T
F	T	T
F	F	F

(4)

P	Q	$(P \to Q)$
T	T	T
T	F	F
F	T	T
F	F	T

(5)

P	Q	$(P \leftrightarrow Q)$
T	T	T
T	F	F
F	T	F
F	F	T

或是先給上面 (1) 和 (2)，(1) 和 (3)，(1) 和 (4) 這三組中任一組做眞值表，然後利用定義方式，再給其它語句做定義。例如，先給上面 (1) 和 (2) 做眞值表以後，利用定義

$$(P \lor Q) = df \sim (\sim P \& \sim Q)$$

$$(P \to Q) = df \sim (P \& \sim Q)$$

$$(P \leftrightarrow Q) = df [(P \to Q) \& (Q \to P)]$$

再給 $(P \lor Q)$，$(P \to Q)$，和 $(P \leftrightarrow Q)$ 做定義。

可是，在顧及這些語句可能反映日常語言的意義時，除了使用眞值表或其它適當方法來定義以外，我們還得說明這些定義如何符合日常語言的用法，或是說明這些定義如何從日常語言的用法轉述過來。例如，語句「東京不在日本」是語句「東京在日本」的否言。顯然，後者爲眞時前者爲假。反之，後者爲假時前者爲眞。這種情形正和上面表 (1) 相符。等等諸如此類的說明。我們會發現，由於否言，連言，和選言的日常用法相當清楚，因此，要給它們的眞函定義做說明，是相當容易的事。但是，如言和雙如言的日常用法，可就沒有那麼清楚了。因此，要給它們的眞函定義做說明，就比較費神了。本文的目的有二：一，討論如何給如言和雙如言的定義做說明；二，顯示邏輯家給如言所做的實質涵蘊的眞函定義，深刻地

反映日常如言的眞實用法。由於雙如言的定義很容易從如言的定義得來，所以，我們只要討論如言就可以了。

首先，讓我們看看史陶 (R. R. Stoll)，修斐士 (P. Suppes)，蒯英 (W. V. O. Quine)，和柯比 (I. M. Copi) 等幾位邏輯家和著名邏輯敎本的作者，怎樣給如言的定義做說明。然後，我們要對他們的說法加以評論。最後，再提出我個人的說法。

在還沒有討論這些邏輯家的說法以前，先簡單說一下如言的定義。設 P，Q 爲語句或句式。那麼，「如果 P 則 Q」 (if P then Q) 這種形式的語句或句式，叫做如言，而 P 和 Q 分別叫做這如言的前件 (antecedent) 和後件 (consequent)。例如，設 $P \leftrightarrow$ 阿蘭嫁給阿土，$Q \leftrightarrow$ 阿土回鄉耕田，那末，「如果阿蘭嫁給阿土，則他回鄉耕田，」亦卽 $(P \rightarrow Q)$，便是一句如言。當我們說這句話時，我們斷說的並不是「阿蘭嫁給阿土」或是「阿土回鄉耕田」這兩個句子，我們斷說的是這整個如言。換句話說，當我們斷說一句如言時，並有沒斷說其前件或後件，我們斷說的是整個如言。那麼，上述如言在怎樣情形下爲眞和在怎樣情形下爲假呢？在日常使用上，當阿蘭眞的嫁給阿土，但阿土卻沒有回鄉耕田時，亦卽當 P 爲眞而 Q 爲假時，這個如言顯然爲假。而當阿蘭眞的嫁給阿土，同時阿土也眞的回鄉耕田時，亦卽當 P 爲眞而 Q 也爲眞時，相信這個如言會被認爲是眞的。可是，在日常使用上，當阿蘭沒嫁給阿土時，不論阿土回鄉耕田或沒有回鄉耕田，亦卽當 P 爲假時，不論 Q 爲眞或爲假，這個如言到底應該爲眞或爲假，便不清楚。這也就是說，在爲這個如言構作如下的眞值表時，其第三列和第四列的主行，到底要寫「T」或「F」，便不清楚：

	P	Q	$(P \rightarrow Q)$
(1)	T	T	T
(2)	T	F	F
(3)	F	T	?
(4)	F	F	?

但是，爲了種種理由，我們必須給在這情形下的如言爲眞或爲假做個決定。邏輯家一般認爲，我們最好給在這些情形下的如言，做爲眞的決定。換句話說，上面的眞值表要完成如下：

$$
\begin{array}{cc|c}
P & Q & (P{\to}Q) \\
\hline
(1)\ T & T & T \\
(2)\ T & F & F \\
(3)\ F & T & T \\
(4)\ F & F & T \\
\end{array}
$$

那麼，有什麼理由使我們這樣決定呢？邏輯家間就有種種說法。現在先讓我們看看史陶、修斐士、柯比和蒯英諸人的說法。

2. 史陶的説法

史陶認爲[1]，當我們說 $(P{\to}Q)$ 時，我們直覺上的了解是，$(P{\to}Q)$ 爲眞，恰好如果 Q 以某種方式可從 P 導出來。因此，如果 P 爲眞 Q 爲假，我們就要 $(P{\to}Q)$ 爲假。這說明上面眞值表的第二列爲何爲假。其次，設 Q 爲眞。那麼，獨立於 P 及其眞假值，我們可以斷說 $(P{\to}Q)$ 爲眞。這個推理提示我們要把眞的值賦給眞值表的第一列和第三列。現在看看第四列。試考慮語句 $[(P\&Q){\to}P]$。不論 P 和 Q 怎樣選擇，我們總認爲這個語句爲眞。但是，如果 P 爲假時，$(P\&Q)$ 就爲假。於是，這個語句的前件和後件都爲假；可是，我們總認爲這個語句爲眞。因此，這使得我們務必援受：如果一個如言的前件和後件都爲假，則整個如言爲眞。

3. 修斐士的説法

修斐士也像一般邏輯家那樣[2]，認爲當一個如言的前件爲眞而後件爲時，人人會同意整個如言眞假。當前件和後件都眞時，幾乎人人也會同

[1] 見 R. R. Stoll: *Sets, Logic, and Axiomatic Theories*, p. 62, 1961.
[2] 見 P. Suppes: *Introduction to Logic*, pp. 6-8, Princeton, 1957.

意整個如言為眞。 他也認為， 問題在前件為假的情形。 當然， 他也像一般邏輯家那樣， 認為當前件為假時， 不論後件為眞為假， 整個如言應該為眞。

他說， 也許有人會基於兩個考慮， 來反對如言的這種定義和用法。 首先， 有人也許會反對說， 如言不是眞函語句。 因此， 像語句，

(1) 如果詩是為年青人的， 則 3＋8＝11,

不應視為一句眞話， 而應視為無意義的語句； 因為這句話的後件一點也不「依據」其前件。 不過， 修斐士認為， 把這類如言視為眞函語句， 不論在邏輯推演的理論上或實用上， 都非常適當。

其次他說， 即使把這類語句視為眞函的， 有人也許會反對說， 當一個如言的前件為假時， 我們不應把這個如言規定為眞。 但是， 他說， 一些例子會強烈支持如言的這種定義和用法。 試看下面後件為假的例子❸：

(2) 如果在臺灣約有五千萬丈夫， 則在臺灣約有五千萬太太。

修斐士說， 很難想像有人會否認 (2) 為眞。 再看後件為眞的情形。 試看把 (2) 修改為如下的例子:

(3) 如果在臺灣約有五千萬丈夫， 則在臺灣的丈夫人數比在香港的丈夫人數為多。

相信也沒有人會否認 (3) 為眞。 因此， 他說， 如果我們承認 (2) 和 (3) 為眞， 那末， 一個前件為假的如言的眞函規定便確定了。

4. 蒯英的說法

關於如言的定義和用法， 蒯英的說法可以概括為下面幾點❹。

---

❸ 在不變更其說明力內， 我更換了例 (2) 和例 (3) 的內容。
❹ 見 W. V. Quine 下列兩書:
　　(1) *Methods of Logic*, pp.19–23, New York, 1972.
　　(2) *Mathematical Logic*, pp. 14–18, Cambridge, Mass., 1951.

假時，人人會同意整個如言爲假。當前件和後件都眞時，幾乎人人也會

(i) 從日常態度來說，在我們斷說一個如言以後，如果前件爲眞，則我們就得承認後件，並且準備如果後件證實爲假，就得承認我們做了錯誤的斷說。反之，如果前件爲假，那麼就好像我們沒有斷說過這如言一樣。

(ii) 當我們要把一個如言考慮爲眞函語句時，我們就離開了這種日常態度了。一個眞函如言的前件爲眞時，上述日常態度提示我們，要把整個如言的眞值和後件的眞值視爲相等。這也就是說，當前件後件都爲眞時，整個如言算爲眞，而當前件爲眞後件爲假時，整個如言算爲假。反之，當前件爲假時，整個如言要採取什麼樣的眞值便成爲相當任意的了。因爲這個時候，從日常態度來說，這個如言可以說是無由的 (idle) 或了無意義的 (senseless) 了。不過，在眞函邏輯上顯得最方便的, 是把所有前件爲假的如言視爲眞。我們可把這樣定義和使用的如言稱爲實質如言 (material conditional)。

(iii) 一般化 (generalized) 如言和反事實 (contrafactual) 如言不是實質如言。這兩種如言不能像實質如言那樣定義。

(iv) 實質如言的眞值表增添給我們的, 是日常用法以外的東西。這東西基本上是理論性的。因此，這個表並沒有給「如果……則」的日常用法增添什麼規定。在日常用法上卽令有這個眞值表可資參考, 一個人如果可以直截了當去斷說某一個如言的後件或去否定其前件，他自然不會自找厙煩去斷說這整個如言。因此，根據實質如言的眞值表，我們把諸如下列如言當眞看時，我們會覺得不自然：

(1) 如果法國在歐洲，則海水是鹹的。

(2) 如果法國在澳洲，則海水是鹹的。

(3) 如果法國在澳洲，則海水是甜的。

不用說，把這些如言看成眞，似乎會令人覺得怪怪的。可是，把這些如言解釋爲假，也不會令人覺得更不怪怪的。不論就 (1)-(3) 爲眞或爲假來說，

這怪怪寧可說是內在於 (1)-(3) 語句本身。這是因為在日常上，從無條件已知為真或為假的成分語句構作如言，總是不平常的。這不平常，其理由容易看出來。當我們得以斷說一個較短和較強的語句「海水是鹹的」時，為什麼要斷說像 (1) 或 (2) 那樣長的語句呢？當我們得以斷說一個較短和較強的語句「法國不在澳洲」時，為什麼要斷說像 (3) 那樣長的語句呢？

（v）真函如言（$P \rightarrow Q$）的真值表，到底多符合「如果……則」的日常用法，是語言分析的事，而對真函邏輯無關重要❺。

5. 柯比的說法

關於如言的定義和用法，柯比的說法可以概括為下列幾點❻。

（i）一個如言斷說的是其前件涵蘊（implies）其後件。一個如言並不斷說其前件為真，它斷說的只是，如果其前件為真時其後件也真。一個如言並不斷說其後件為真，它斷說的只是，其後件為真如果其前件為真。一個如言的核心意義，是存於其前件和後件這個次序之間的涵蘊關係 。 所以，要了解如言的意義，我們必須了解涵蘊是什麼。

（ii）試看看下列若干不同的如言：

(a) 如果凡人都會死而孔丘是人，則孔丘會死。

(b) 如果老張是單身漢，則老張沒結婚。

(c) 如果藍色石蕊試紙放在酸裡面，則藍色石蕊試紙會變紅色。

(d) 如果紅葉隊輸掉世界杯球賽，則我要吃我的帽子。

上面每一個如言，似乎都斷說一個不同類型的涵蘊。相應於這每一不同涵蘊，各有一個不同意義的「如果…則」。(a) 的後件從其前件邏輯跟隨而來。

---

❺ 關於這一點請參閱本書＜自然語言的邏輯符號化＞，第 10 節如言。

❻ I. M. Copi, *Introduction to Logic*, pp. 258–264, The Macmillan Company, New York, 1972.

(b) 的後件依名詞「單身漢」的定義——即沒結婚的男人，從其前件跟隨而來。(b) 的後件既不單單依邏輯，也不依其名詞的定義，從其前件跟隨而來。其前件和後件之間的關連，必須從經驗上去發現。所以這兩者之間的涵蘊是因果的。最後，(d) 的後件既不依邏輯，也不依定義，從其前件跟隨而來。其前後件之間也沒有什麼因果律存在。(d) 只是報導在某種情況下，說話者決定如何做。雖然這四個如言各自斷說不同類型的涵蘊，可是這些涵蘊並不是完全不同的。那麼有什麼共同於它們的部分意義呢？

柯比認為，我們可依處理「或者」(or)一詞的程序和模式，來為這些不同的涵蘊，尋求一個共同的部分意義。他處理「或者」的程序如下。第一，強調「或者」一詞有兩個不同的意義。這就是說，「或者」有可兼容和不可兼容兩個意義。一個可兼容的 (inclusive) 選言斷說，至少有一個選項為真。一個不可兼容的 (exclusive) 選言斷說，至少有一個選項為真，但是兩個選項不能同真。第二，指出這兩個類型的選言有一個共同的部分 (partial) 意義。這個共同的部分意義，就是至少有一個選項為真。然後用選言號「∨」去代表這個共同的部分意義。第三，指出，就保持選言三段論式為一個有效的論證形式而言，這個代表共同的部分意義的符號，無論對那一個意義的「或者」，都是一個適當的翻譯。

(iii) 現在就依據處理「或者」的程序模式，來處理「如果……則」。我們已經知道，相應於四種不同類型的涵蘊，有四種不同意義的「如果……則」，所以第一步已經完成。現在看看第二步要怎樣做。這一步是要發現，這四種不同涵蘊的一個共同意義。柯比認為，發現這的一個方法是，去探問在什麼情況下足以使一個如言為假。顯然我們會發現，對任何一個如言來說，當前件為真後件為假時，整個如言為假。這也就是說，當連言 ($P\,\&\sim Q$) 為真時，如言「如果 P 則 Q」為假，亦即當如言「如果 P 則 Q」為真時，否言 $\sim(P\,\&\sim Q)$ 為真。這樣，我們可把 $\sim(P\,\&\sim Q)$ 視為「如果 P 則 Q」的一個部分意義。這部分意義是這四個不同類型

的涵蘊所共有。

　　現在我們可拿符號「→」去代表「如果……則」一詞的這個共同的部分意義。我們拿（$P \to Q$）當 $\sim(P \& \sim Q)$ 的簡寫來定義符號「→」。「→」並不構成上述四種涵蘊中任何一個的全部意義。顯然，我們可把符號「→」看成代表和上述四種涵蘊不同的另一種涵蘊，而稱它為實質涵蘊（material implication）。

　　(iv) 一個實質涵蘊並沒有提示其前件和後件之間的何任「眞實關連」（real connection）。一個實質涵蘊所斷說的，不過是前件為眞而後件為假是假的。實質涵蘊號是一個眞函連號。其定義如下：

$$P \to Q$$

	P	→	Q
(1)	T	T	T
(2)	T	F	F
(3)	F	T	T
(4)	F	T	F

柯比認為，下面兩種考慮可消除這個表令人覺得怪怪的地方。

　　(a) 試看語句「如果希特勒是軍事天才，則我是一個猴子的叔叔。」因為一個眞如言不可能有眞前件和假後件，所以，斷說這個如言等於否定其前件為眞。這個如言似乎是說，當「我是一個猴子的叔叔」為假時，「希特勒是軍事天才」不為眞。因為前者顯然為假，所以，這個如言必須要了解做否定後件。而說這如言的人，一定認為他在斷說一個眞如言。這顯示上面眞值表的第四列完全可以成立。

　　(b) 因為數 2 小於數 4（記作 $2 < 4$），所以任何小於 2 的數也小於4。對任何一個數 x，如言

　　　　如果 $x < 2$，則 $x < 4$

為眞。現在試用數 1，3，和 4 依次代變元 x，可得下列三個如言：

　　　　(甲) 如果 $1 < 2$，則 $1 < 4$。

　　　　(乙) 如果 $3 < 2$，則 $3 < 4$。

　　　　(丙) 如果 $4 < 2$，則 $4 < 4$。

這三個如言只不過是上面那個如言的三個例子。因此，如果上面那個如言對任何一個數 x 都眞，則這三個如言也要爲眞。顯然，我們都接受上面那個如言對任何一個數 x 都眞。所以，我們也要接受（甲），（乙）和（丙）爲眞。在（甲），前件和後件都眞，這說明上面眞值表第一列成立。在（乙），前件爲假後件爲眞，這說明第三列成立。在（丙），前件後件都假，這說明第四列成立。第二列之成立不待多說。這麼說來，上面眞值表有什麼可怪的地方呢？

（v） 現在我們提議拿符號「→」去翻譯以上所論各種意義的「如果…則」。這個提議對眞函邏輯是適當的，因爲這個翻譯可使原來含有上面各種涵蘊的論證之有效性，保持不變。

6. 以上各説法的評論

首先我們得知道的，本文研究的問題是，把如言 $(P \to Q)$ 定義成下表的適當性：

$(P \to Q)$		
(1) T	T	T
(2) T	F	F
(3) F	T	T
(4) F	T	F

這裡所謂適當性有兩層意義。一層是指眞函邏輯上的適當性。所謂眞函邏輯上的適當性，是指這樣定義的如言，可否使含有如言的論證保持其眞函邏輯上的有效性。所謂日常語言分析上的適當性，是指這樣定義的如言，可否符合如言的日常用法。很多邏輯家沒能把這兩種適當性加以分別。

我們在本文討論如言的定義和用法，重點不在眞函邏輯的適當性上。這種適當性不是僅僅分析如言本身的用法即可獲得，而是需要從邏輯系統本身，及其應用的適當性之探討上才能獲得。我們討論的重點毋寧在日常語言分析的適當性上。

還有一點我們也得知道的。那就是，我們的討論是範程性的（exten-sional）。這也就是說，我們對如言的討論，是就一個如言的眞假如何由其成分語句的眞假來決定來考慮，而不是就眞假以外其它意義來考慮的。這點認識非常重要。不過所謂範程性的討論，不一定就是眞函性的討論。眞函固然是範程的，但範程的未必就是眞函的。

好了，讓我們依次對上面各邏輯家的說法加以評論。在我們做以下評論時，請記住上面本節開頭那個如言的眞值表。

(i) 史陶說法的評論

史陶利用「可導出」的觀念，來說明眞值表的第二列，在直覺上不失爲一個很深刻的說法。我認爲這個觀念也可用來說明第一列。其次，他認爲設 Q 爲眞，則獨立於 P 及其眞假值，我們可以斷說（$P \rightarrow Q$）爲眞。這一說法在直覺上不夠清楚。爲什麼當 Q 爲眞時，不論 P 爲眞或爲假，（$P \rightarrow Q$）一定爲眞呢？這需要進一步說明。他利用語句 $[(P \& Q) \rightarrow P]$ 恒爲眞，來說明第四列爲何要眞，不失爲一個很好的技巧設計。

(ii) 修斐士說法的評論

修斐士說，有人也許會基於兩種考慮來反對這個如言眞值表。這兩種考慮就是：一，如言不是眞函的；二，卽使是眞函的，第三第四兩列的主行不應規定爲眞。修斐士所設想的這兩個反對是很深刻的。可是，他對這兩個可能反對的囘答，對我來說雖然正確，但還不夠周詳深刻。首先看看語句

(a)　如果詩是爲年靑人的，則　$3 + 8 = 11$

是不是一個眞函語句。我認爲這個問題的囘答要涉及一個基本的假定。這個假定就是：一個直敍語句（declarative sentence）不是眞便是假，不

是假便是真。讓我們稱這個假定爲直敍語句二值假定，或簡稱爲語句真值假定。注意，語句真值假定並不涵蘊每一如言是真函的。但是，有了這個假定，可使我們對諸如語句 (a) 是不是一個真函語句的問題，能得到一個決定性的囘答。如果沒有這個假定，那麼對諸如此類問題的囘答便相當任意了。在下一節，我們將對這些問題做進一步的探討。

　　對上述第二個反對，亦卽當一個如言的前件爲假時，我們不應把這個如言規定爲真，修斐士的囘答是擧出一些實例來支持這個規定。他的實例確實是好的。可是，他的實例似乎還不能推廣到能夠說明爲何也要把上面如言(a)　以及下列各如言視爲真：

(b)　如果東京在臺灣，則太陽從東方升起來。

(c)　如果東京在臺灣，則太陽從西方升起來。

(d)　如果阿蘭嫁給我，則我買一件皮大衣給她。（但是阿蘭沒嫁給
　　　我，而我卻買一件皮大衣給她。或是阿蘭沒嫁給我，而我也沒
　　　買皮大衣給她。）

我認爲，除非利用語句真值假定，否則不能給爲何要把語句 (a)－(d) 視爲真，提出適當的說明。我們也將在下一節進一步討論這個問題。

(iii) 蒯英說法的評論

　　我對蒯英的說法，要提出下面幾點評論。

　　（甲）蒯英把一般化如言，反事實如言和實質如言分開，並確定不能給予前兩者和後者以相同的眞值定義。我認爲這是對的。一般化如言和反事實如言，在外貌上雖然和實質如言一樣，具有「如果……則」這個形式，但是在眞假關係上，前兩者和後者不同。因此，在討論實質如言時，把前兩者予以分開是很必要的。

　　（乙）蒯英說，當一個如言的前件爲假時，就好像我們沒有斷說過這如言一樣。這個時候，這個如言是無由的或了無意義的。我現在要問的

是，這好像沒有斷說這如言一樣，是真的什麼也沒有斷說，還是實質上有，只是表面上看來沒有？如果真的沒有，那麼我們把一個如言考慮為真函語句時，我們的確是離開了如言的日常用法，而從事一種理論性的規定了。而這種規定是日常用法以外的了。可是，如果不是真的沒有，只是表面上沒有，而在經過某種深刻的分析之後，我們發現是斷說了什麼時，這種規定就未必是純理論性的或日常用法以外的了。當然，依蒯英的看法，這時候是沒有斷說什麼的。因此，是無由的或了無意義的。但是，我的看法則不一樣。我認為，這個時候雖然表面上看來似乎沒有明確地斷說什麼，可是如果我們深一層分析，就會發現，我們是斷說了些什麼的。如果我們確實是斷說了些什麼，那麼，就不是無由的或了無意義的了。這一點很重要。我們將在下一節詳細討論。

（丙）依蒯英的說法，當我們依實質如言的真值表，來了解諸如下列的如言時，我們會覺得不自然：

(1)　如果法國在歐洲，則海水是鹹的。

(2)　如果法國在澳洲，則海水是鹹的。

(3)　如果法國在澳洲，則海水是甜的。

蒯英解釋說，我們之會對這些如言感到不自然，是因為如果我們可以直截了當去斷說某一如言的後件或去否定其前件時，自然不會自找麻煩去斷說這整個如言。因此，如果真的自找麻煩去斷說這整個如言時，自然就會令人覺得不自然了。

首先我對蒯英的說法，即一個人如果可以直截了當去斷說某一個如言的後件或去否定其前件時，自然不會自找麻煩去斷說這整個如言，不表贊同。當然，通常一個人如果可以直截了當去斷說某一個如言的後件或去否定其前件時，他可以不必去斷說這整個如言。但是為了某種理由，譬如為了強調、為了諷刺或為了滑稽，他也許會這樣做。試看下面幾個例子：

(4)　如果阿土追得上阿蘭，我不姓王。

(5) 如果我不揍你，我不是人。

首先，我們假定講(4)的人姓王，而講(5)的人是不折不扣的人。講這些話的人，當然認為他們很可以斷說「阿土追不上阿蘭」或「我揍你」。但是他們現在不斷說較短和較強（邏輯上）的話「阿土追不上阿蘭」和「我揍你」，而卻斷說了以這些話句的否言為前件的如言 (4) 和 (5)。凡懂得中文的人，都不會反對 (4) 和 (5) 是非常自然的日用中文。我們知道，說 (4) 和 (5) 的人，在強調其前件之為假。他用含假後件的如言來斷說如言的前件為假。任何知道說 (4) 的人姓王，說 (5) 的人是人，並且相信阿土追不上阿蘭和我會揍你（某一特定的人）的人，無不相信 (4) 和 (5) 為真話。

試再看例子：

(6) 即使 (even if) 海枯石爛，我愛妳不渝。

(7) 不論你去不去，我都去。

這兩個語句表面上看來不像如言，可是事實上卻是如言。先看語句 (6)。中文的「即使」（即英文的「even if」）一詞的意思是「假使」(if)，亦即「如果」。請看下面的句子：

(8) 即使在多天，我也住在阿里山。

有而且只有在多天而我不住在阿里山時，(8) 才假。所以這句話的意思是：當多天的時候，我住在阿里山。這是一個如言的形式。不過，語句 (6) 的解釋應比 (8) 曲折的多。語句 (6) 可以像 (8) 那樣寫成「當海枯石爛的時候，我愛妳不渝」嗎？不可以。我們知道，如言「當海枯石爛的時候，我愛妳不渝」不但沒有強調「我愛妳不渝」的意思，反而削弱其力量。這是因為這個如言的適當理解，應該是其前件為假。當前件為假時，後件為真或為假都無關緊要了。可是，(6) 的意思在強調「我愛妳不渝」。因此，如言「當海枯石爛的時候，我愛妳不渝」不是 (6) 的適當解釋。

要給 (6) 做適當解釋，首先要知道「海枯石爛」一句話在 (6) 所擔當的真假地位。「海枯石爛」在 (6) 不是表示假語句，更不是表示真語句，而是

表示任何語句。因此，設 P 代表任何（有眞假可言的）語句。那麼，語句 (6) 的意思是：

（6′）如果 P，則我愛妳不渝。

要使如言（6′）爲眞，則其後件「我愛妳不渝」一定要眞。這正是強調「我愛妳不渝」的一種特別表示法。

其次，讓我們看看語句 (7)。首先我們應該知道，(7) 的眞假值完全由語句「我去」決定。如果「我去」爲眞，則 (7) 爲眞。反之，如果「我去」爲假，則 (7) 爲假。因此，(7) 與「我去」等值。這兩者雖然等值，但並不是同一個語句。因此，我們不能說 (7) 的意思就是「我去」。在 (7) 裡含有「不論你去不去」的意思，但在「我去」裡則沒有。「你去不去」的意思是「你去或你不去」。「不論你去或你不去，我都去」可以視爲「如果你去或你不去，我去」。因此，設

$P \leftrightarrow$ 你去

$Q \leftrightarrow$ 我去

那麼，(7) 可解釋並符示爲

（7′）$[(P \lor \sim P) \to Q]$

(7′) 的眞假完全由 Q 的眞假來決定。從語句的結構看，Q 的眞假以 $(P \lor \sim P)$ 的眞假爲條件。這正是 (7) 所要說的。有人也許會說，(7′) 可符示爲

（7″）$[(P \lor \sim P) \& Q]$

不錯 (7″) 的眞值和 (7′) 的完全一樣。可是，在 (7″) 裡並沒有表示 Q 的眞假以 $(P \lor \sim P)$ 的眞假爲條件的意思。所以，我們寧可視 (7′)（而不是 (7″)）爲 (7) 的適當解釋。

(7′) 是一個如言。(7′) 要斷說的實際就是 Q。

如果我們以上的分析和解說不錯的話，那麼，刪英的見解，卽一個人如果可以直截了當去斷說某一個如言的後件或去否定其前件，他自然不會自找麻煩去斷說這整個如言，就未必正確了。因此，我們不能利用這個見

解，來說明爲什麼我們對諸如語句 (1)-(3) 會覺得不自然。

在我看來，我們之會對語句 (1)-(3) 覺得不自然，其緣由和我們之會對下列語句覺得不自然完全一樣：

(1′) 法國在歐洲，而海水是鹹的。

(2′) 法國在澳洲，而海水是鹹的。

(3′) 法國在澳洲，而海水是甜的。

我們之會對諸如上述三個連言覺得不自然，不是因爲其連項爲明顯的眞或爲明顯的假，而是因爲我們覺得這些連言的連項之間，似乎沒有什麼「眞實關連」。同理，我們之會對諸如上面如言 (1)-(3) 覺得不自然，不是因爲其前件爲明顯的假或其後件爲明顯的眞，而是因爲我們覺得這些如言的前件和後件之間，似乎沒有什麼眞實關連。要是一個如言的前件和後件之間，似乎有什麼眞實關連，則無論其前件多麼明顯爲假或其後件多麼明顯爲眞，我們也不會覺得這個如言爲不自然。現在假如我們已經知道某一桶水是從海水中取來的，那麼，如果我們拿語句「這桶水是鹹的」取代前面如言 (1) 的前件，則可得如言：

(1″) 如果這桶水是鹹的，則海水是鹹的。

這個如言的後件明顯爲眞，可是我們一點也不會覺得這個如言怎樣不自然。這是因爲我們覺得，這個如言的前件和後件之間存有某種眞實關連。現在試拿語句「巴黎在澳洲」取代前面如言 (3) 的後件，則可得如言：

(3″) 如果法國在澳洲，則巴黎在澳洲。

這個如言的前件明顯爲假❼，可是我們一點也不會覺得這個如言怎樣不自然。這是因爲我們覺得，這個如言的前件和後件之間存有某種眞實關連。

蒯英似乎把我們之會對某些語句覺得不自然，和我們會對某些語句依眞函定義來接受覺得不自然，混在一起。

---

❼ 這應該相對於歐美的知識分子而言。

(iv) 柯比說法的評論

柯比認爲，我們可依處理「或者」一詞一樣的程序和模式，來處理「如果…則」。他認爲「或者」有可兼容和不可兼容兩種不同的意義。選言號「∨」可表示可兼容「或者」的全部意義，但只可表示不可兼容「或者」的部分意義。他認爲「如果…則」一詞也有各種不同的涵蘊意義。如言號「→」表示這些不同涵蘊的共同的部分意義。我在這裡要特別指出的，柯比所指的「或者」的兩種「意義」之意義，和「如果…則」的各種不同涵蘊「意義」之意義，是不盡相同的。「或者」的兩種意義是完全按眞假的範程性（extensionality）來了解的。可是「如果…則」的各種不同涵蘊意義，不是僅僅按眞假的範程性來了解的。這點認識頗爲重要。由於「或者」的兩種意義是完全按眞假的範程性來了解的，所以這兩種意義可以依一個選言的選項之眞假來定義或說明。同時，事實上，「或者」的這兩種意義，可拿眞值表來做明確的定義。設 P，Q 爲任意語句（有眞假可言的），「∨」代表可兼容的「或者」，「△」代表不可兼容的「或者」。那麼，「或者」的這兩種意義可分別定義如下：

$(P$	$\lor$	$Q)$
T	T	T
T	T	F
F	T	T
F	F	F

$(P$	$\triangle$	$Q)$
T	F	T
T	T	F
F	T	T
F	F	F

由這兩個表我們知道，「或者」的這兩個意義，不但可完全按眞假的範程性來了解，而且可完全按眞函定義來了解。可是，由於「如果…則」的各種不同涵蘊意義，不是僅僅按眞假的範程性來了解的，所以這種種意義不能依一個如言的前後件之眞假來定義或說明。因此，這種種意義也就不能拿眞值表來做明確的定義。事實上，「如果…則」一詞之所以有各種不同的涵蘊意義，是因爲我們除了按眞假的範程性來了解它以外，還按意合性（intensionality）來了解它。這一點我們不可不知道。當柯比說，我們可依

處理「或者」一詞的程序和模式，來處理「如果…則」時，他似乎沒有覺察到這一點。誠然，當我們按範程性來了解「或者」時，「或者」有兩種不同的意義。可是，如果我們僅僅按範程性來了解「如果…則」時，「如果…則」可有各種不同的涵蘊意義嗎？在我看似乎是沒有的。假如沒有，那麼，柯比所說，他是依處理「或者」一樣的程序和模式，來處理「如果…則」，便有問題。第一、他所謂一樣程序和模式的「一樣」恐怕不妥。因爲一個是完全按範程性來了解的，另一個是按範程性和意含性兩種含意來了解的，所以並不「一樣」。柯比所謂的「一樣」很容易使人誤導。第二、依柯比看來，$\sim(P\,\&\sim Q)$ 是各種如言「如果 P 則 Q」的共同的部分意義。可是，如果我們是完全按範程性來了解「如果…則」的話，恐怕 $\sim(P\,\&\sim Q)$ 是各種如言「如果 P 則 Q」的「全部」意義，而不僅僅是共同的部分意義了。如果我這一點說法正確的話，柯比上述說法便顯得不很適當了。

柯比拿諸如下例兩個例子來說明，把如言定義成實質涵蘊並不奇怪，在我看來是適當的：

（甲）如果希特勒是軍事天才，則我是一個猴子的叔叔。

（乙）對任何一個數 x，如果 $x<2$，則 $x<4$。

不過他的說明，還不足以充分說明，我們爲何可以拿實質涵蘊來定義各種不同的涵蘊。

7. 作者對如言定義的説法

在上一節評論各家對如言定義的說法裡，我已經表示過對如言定義的部分看法。在本節裡，我要進一步探討這個問題。

在邏輯研究裡，通常我們都把直敍語句定義爲有眞假可言的語句。可是在討論如言的定義和用法時，大家似乎都忘了這個定義，以爲它和如言

的定義和用法的問題，沒有什麼關連的樣子。在我看來，要給如言的定義和用法做適當的說明，我們必須利用這個定義。或是說得更嚴格一點，我們必須利用和這個定義密切相關的，我們在前面已經提過的語句眞值假定——一個語句不是眞便是假，不是假便是眞。在本節裡，我們便要利用這個定義，來說明爲什麼邏輯家向來所做的如言的眞函定義，就正確的反映日常語言的用法而言，是適當而又深刻的。

首先我們要知道，如言眞函定義之日常語言分析上的適當性問題，是探討如言的這個眞函定義，是否符合其日常用法的範程性意義的問題。這樣，有關如言的意含性意義問題，便可撇開不論。如言的範程性意義問題，是指如言的前後件的眞假如何決定整個如言的眞假的問題。其次，我們也要像蒯英那樣，把反事實如言和一般化如言撇開不論。

在日常語言上，如言的範程性意義中最明顯的部分是：前件爲眞後件也爲眞時，整個如言爲眞；前件爲眞後件爲假時，整個如言爲假。顯然，我們可直接利用這兩個在直覺上非常清楚的情況，來說明爲什麼如言眞值表的第一列要爲眞和第二列要爲假。現在的問題在前件爲假而後件爲眞或爲假的情形。在這兩種情形下，日常的直覺似乎沒有告訴我們整個如言要什麼值，或是沒有什麼值。依蒯英的說法，在這時候好像我們沒有斷說什麼，因此，這如言是無由的或了無意義的。換句話說，依蒯英的意思，在這時候，這如言應該是沒有眞假可言。假如我這個推論沒錯的話，那麼，蒯英這說法是不能接受的。我可以至少立即舉出兩個不能接受的理由。第一、蒯英這說法和語句眞值假定相衝突。語句眞值假定說，每一個直敘語句不是眞便是假，不是假便是眞。但是蒯英的說法，涵蘊有沒有眞假可言的如言。第二、如果蒯英的說法成立，則會使我們在日常直覺上，認爲彼此等值的語句變成不能等值。例如，試看語句：

(1) 不是你去就是我去。

這句話的意思顯然是：

       (1′) 如果你不去，我就去。

或是

       (1″) 你去或是我去。

這樣，(1′) 和 (1″) 應該等值。那麼當語句「你去」爲眞時，不論語句「我去」爲眞或爲假，(1″) 都眞。這樣，當語句「你不去」爲假時，不論語句「我去」爲眞或爲假，(1′) 也應該都眞。可是，根據刪英的說法，這個時候 (1′) 沒有眞假可言。這裡便有衝突，除非 (1′) 和 (1″) 確實不等值。我的觀點是，當前件爲假時，整個如言有眞假值。不但有眞假值，而且還可以確定應該爲眞值。當然大多數邏輯家也規定，這時候整個如言的值爲眞。可是他們的理由大半都認爲只是爲了方便而已。我則認爲，與其說是爲了方便，不如說是爲了適當和合理。

現在讓我們來顯示這適當性和合理性。

我相信不論在中文或英文．句式 $(P \rightarrow Q)$ 和 $\sim(P \& \sim Q)$ 所表示的語句，具有相同的範程性意義，亦卽等值。巴克敎授說❽，語句

       (2) If the Cavaliers win today, then I am a monkey's uncle.

可改寫爲

       (2′) It is not the case both that the Cavaliers win today and
           that I am not a monkey's uncle.

試看語句

       (3) 如果阿土欺負阿蘭，我就揍他。

假如我們不用如言詞，而要表示和 (3) 一樣意思的話語，通常我們可能這麼說：

       (3′) 阿土欺負阿蘭而我不揍他，我不是人。

設 P 爲任意語句。在我們的語言習慣裏，當我們說

       P，我不是人

---

❽ 見 S F. Barker , *The Elements of Logic*, p. 105, 1965.

我們的意思實際上就是否定 P，亦卽認爲 P 爲假。所以，(3′) 的意思是

　　(3″) 阿土欺負阿蘭而我不揍他，是一句假話。

這樣，至少在範程意義上，(3) 和 (3″) 是一樣的。當語句「阿土欺負阿蘭」爲假時，不論語句「我揍他」爲眞或爲假，(3″) 都眞。因此，當 (3) 的前件爲假時，不論其後件爲眞或爲假，(3) 都眞。現在假如在這情況下，我們認爲 (3) 爲假的話，不僅是不方便，而且是不適當和不合理。因爲在這情況下假如 (3) 爲假，則 (3) 和 (3″)，不可能等值，但無論如何，(3) 和 (3″) 是等值的。

　　上面的說理，多多少少是間接的。也就是說，我們是藉 (3) 和 (3″) 的等值，來支持爲什麼當 (3) 的前件爲假時，(3) 應爲眞。現在我們利用語句眞值假定和訴諸日常直覺，說明爲什麼當 (3) 的前件爲假時，(3) 應爲眞。

　　在中文裏，「好漢」一詞可能有好多意義。其中一個重要意義可能是指說話算話的人。所謂說話算話，是指說眞話或是說了就做。要是說了沒做，就得承認自己不是好漢。在這個意義下，所謂「不是好漢」就是說假話。現在假如你是好漢，而且說了語句 (3)。請看下面幾種情況：

　　(甲) 當阿土眞的欺負阿蘭而你也眞的揍他時，假如我說你是一個好
　　　　漢，相信你會點頭稱是。可是假如在這時候，我說你不是一個
　　　　好漢，你恐怕會連我也揍一頓。換句話說，這時候你說的語句
　　　　(3) 是眞的。

　　(乙) 當阿土眞的欺負阿蘭而你卻沒有揍他時，假如我說你是一個好
　　　　漢，恐怕你反而會把我揍一頓，因爲你會認爲我奚落你，你侮辱
　　　　你。可是，這時候，假如我說你不是好漢，你會毫不猶豫說，
　　　　「是啊！我眞該揍他。」換句話說，這時候你說的語句 (3) 是
　　　　假的。

　　(丙) 當阿土沒有欺負阿蘭而你卻揍他時，假如我說你是好漢，你也
　　　　許會說，「是啊！我一向說話算話。」你的意思是說，你向來不

說假話，包括說 (3) 在內，你說的也不是假話。可是，假如在這時候，我說你不是好漢，你一定會辯解說，你不是不是好漢，因爲你只說，如果阿土欺負阿蘭你就揍他。你沒說，如果阿土不欺負阿蘭你就不揍他。因此你不會承認 (3) 爲假話。不是假話，那麼根據語句眞值假定，便是眞話。

(丁) 當阿土沒欺負阿蘭而你也沒揍他時，假如我說你是一個好漢，你也許也會說，「是啊! 我一向說話算話。」你的意思是說，你向來不說假話，包括說 (3) 在內，你說的也不是假話。可是，假如在這時候，我說你不是好漢，你也一定會辯解說，你不是不是好漢，因爲你只說，如果阿土欺負阿蘭你就揍他。你沒說，如果阿土不欺負阿蘭你就揍他。因此，你不會承認 (3) 爲假話。不是假話，那麼根據語句眞值假定，便是眞話。

我們再舉一個例子，來說明爲什麼當 (3) 的前件爲假時，(3) 應爲眞。當我們向某人說了某一句話以後，如果我們以爲我們說了假話而向對方道歉時，如果對方是一個明理而願意接受道歉的人，那麼，如果他接受我們的道歉時，那就表示他認爲我們說了假話。可是，如果他覺得愕然或沒有什麼可接受時，那就表示他不以爲我們說了假話。現在假如你說了下面一句話:

(4) 如果你（指阿蘭）嫁給我，我就買一件皮大衣給妳。

讓我們考慮下面幾種情形:

(甲) 當阿蘭嫁給你（假如你是女士的話，你不妨假定自己爲阿蘭，而說這句話的人爲你的如意郎君），而你也買一件皮大衣給她時，假如你向她說，「阿蘭，這次眞對不起，妳嫁給我而我也買皮大衣給妳」，輕者她也許只是愕然，重者她也許會以爲你神經病。換句話說，她是認爲你說了眞話，而你自己卻以爲不是。當然，在這情況下，相信你不會對阿蘭這麼說。

（乙）當阿蘭嫁給你而你卻沒有買皮大衣給她時，假如你向她說，「阿蘭，這次眞對不起，妳嫁給我而我卻沒買皮大衣給妳」，假如她很愛你，相信她會囘答說，「沒關係，下次買好了。」這表示她接受你的道歉。換句話說，她認爲你說了假話。假如你是講理的君子，相信你也會向阿蘭這麼道歉，因爲你也認爲你說了假話。

（丙）當阿蘭沒嫁給你而你卻買皮大衣給她時，假如你向她說，「阿蘭，這次眞對不起，妳沒嫁給我而我卻買皮大衣給妳」，相信這時阿蘭會覺得莫名其妙，因爲她會覺得你在說白話，你的「道歉」缺少「標的」。換句話說，她不認爲你講了假話。因爲她認爲你只說了，如果她嫁給你，你就買皮大衣給她；你沒有說，如果她沒嫁給你，你就不買給她。相信你也不會向她這麼道歉，除非你是神經兮兮的或是存心開玩笑，因爲你也不會認爲你說了假話。不是假話，根據語句眞值假定，便是眞話。

（丁）當阿蘭沒嫁給你而你也沒買皮大衣給她時，假如你向她說，「阿蘭，這次眞對不起，妳沒嫁給我而我也沒買皮大衣給妳，」這時候阿蘭也許會說，「何必呢，你又沒說如果我沒嫁給你，你就買皮大衣給我。」她的意思是你並沒說假話，何必道歉。假如你是個頭腦清晰的人，相信你也不會向她這麼說，因爲你並不認爲你說了假話。不是假話，根據語句眞值假定，便是眞話。

　　在上面兩個例子的情形（丙）和（丁）中，我們都使用了語句眞值假定。有人也許認爲沒有這個需要。其實不然。因爲如果不使用這個假定，我們不能從不是眞推得便是假。因爲不是眞，可能爲假，也可能沒有眞值。所以這個假定是必要的。否則當前件爲假時，我們不能從上面兩個例子的考慮，推得整個如言有明確的值。

假如以上討論沒有錯,而且接受語句真值假定的話,那麼我們可以說,當前件為假時,整個如言不但有真假可言,而且可以有明確的值,即真的值。假如這個結論沒錯,則當前件為假時,我們便不能說整個如言為無由的或了無意義的,或是說其值的規定是任意的。固然,當前件為假時,日常表面直覺,似乎沒有告訴我們整個如言有什麼值,可是如果做深刻一點的分析,我們會發現,我們的直覺非常明確告訴我們,整個如言應該為真。邏輯家的實質如言的真函定義,豈不是為我們發覺了深刻的東西?

當前件為假時,整個如言到底斷說了什麼?答案是:斷說了真。它之斷說了真,正如同當前件為真後件為假時,整個如言斷說了假一樣。

Ⅳ

邏輯名詞的中譯商討之一

I. 小　引

大邏輯家戈代爾 (K. Gödel) 說，邏輯是一門優先於所有其它科學的科學。它包含所有科學的基本觀念和原理。❷ 其實，邏輯的觀念和原理不但遍及所有科學，並且也遍及日常思考和日常語言裡。邏輯名詞是邏輯觀念和邏輯原理的表徵。所以，邏輯名詞既出現在所有科學裡，也出現在日常語言中。由此可見，準確的撰選邏輯名詞是何等重要。

就像許多科學一樣，邏輯這門科學產自西方。就現代意義的邏輯而言，邏輯原始名詞大都可由英文或德文適當地表示出來。在中國傳統裡，是沒有嚴格意義的邏輯這門學問的。其實，缺少邏輯觀念，可以說是中國傳統文明的一個特徵。因此，在傳統中文裡，很少表示邏輯觀念的字彙和名詞。現在的中文邏輯名詞，差不多都是為翻譯西文邏輯名詞而撰構的。由於邏輯名詞的遍及性，所以適當撰構中文邏輯名詞，在科學中文化和把邏輯變成中華文明的一部分，便顯得格外重要。

在本文裡，我們首先要提出和討論邏輯名詞中譯的若干原則。然後，將就我個人為什麼選擇邏輯名詞的某一中譯，而不選擇另一中譯，以及為

---

❶❷ 本文實例討論，將陸續寫下去。
見弋著「Bertrand Russell's Mathematical Logic,」載於 P. A. Schilpp 編 *The Philosophy of Bertrand Russell*, Volume 1, p. 125, Harper & Row, 1963.

什麼要如此這般撰構某一中譯，依實際需要，做詳扼不同程度的討論。這種討論，一方面可以確立我們所以使用邏輯名詞的某一中譯的理由，二方面也可以幫助我們深一層了解一些邏輯概念。

有一點必須要提的，我們並不準備對所有中譯邏輯名詞加以討論。這是不需要的。譬如，我們並不需要討論為什麼要把「natural language」譯成「自然語言」。可是，顯然如果對為什麼把「function」譯成「函應」，而不採用通俗的譯法「函數」，等等加以解說，是非常有用的。

我們這裡所謂名詞是指「terms」，而不僅僅指「names」。

II. 邏輯名詞中譯原則

雖然在討論下面各原則時，我們心目中只是有關邏輯名詞的中譯問題，可是我相信，這些原則至少在相當程度內，也適用於其它科學名詞的中譯問題。

(1) 意譯原則和音譯原則

我們假定大家已經知道意譯的一般意義。我們可有兩種方式把一個邏輯名詞以意譯方式譯成中文。一種是從已有的中文名詞中，選擇一個相當的名詞來對譯。譬如，我們要把「natural language」一詞譯成中文時，便可選擇相當的名詞「自然語言」去譯。讓我們稱這種譯法為選詞意譯。有經驗的譯者會發現，這種選詞意譯很快會遇到限度。這也就是說，有許多邏輯名詞會選不到適當的名詞來譯。譬如，當我們要把命題演算的名詞「conjunction」譯成中文時，就選不到適當的中文名詞去譯。這時候，我們就得去製造一個中文名詞，譬如製造「連言」，「合取」，或「契合」等等來譯它。讓我們稱這種譯法為造詞意譯。在邏輯名詞的意譯上，顯然造詞意譯要比選詞意譯多得多。這是因為中國傳統上沒有邏輯這門學問的

緣故。有時候，我們會遇到既不能選到適當的名詞，也無法造得適當的名詞去譯某一個名詞的情形。這時候，就不得不採取音譯了。由於中文不是拼音文字，同音字太多，中文音譯非常不易取得一致的譯法。不過這和本文題旨無關，在此不必細論。

名詞意譯的優點是，意譯名詞的組成字彙和名詞，可幫助我們聯想該意譯名詞的意義。其缺點是，該組成字彙和名詞可能誤導我們對該意譯名詞正確的了解，同時該組成了的名詞也可能產生非預期的意義。名詞音譯的優點是，對音譯名詞的了解完全依據定義而來，既精確又不致誤導。其缺點是，組成音譯名詞的字彙，絲毫沒有提供我們了解音譯名詞的暗示，因此在學習時要完全重新記憶。不過，只要音譯名詞不是驟然出現太多，我們的記憶負荷不會太重。

邏輯名詞的中譯應以意譯爲主。但是當意譯無法適當運用時，適量採用音譯是有益無害的。

(2)　從俗原則和新修原則

當我們要把一個名詞譯成中文時，如果這一名詞已經有了譯名或是有了通用的譯名，我們就要盡量採用這個譯名，而不必另選新的譯名。這就是我們所謂從俗原則。要遵循這個原則，並不如表面看來那麼容易。因爲這要假定譯者，相當熟悉有關名詞的一般中譯行情。譬如，有人把「set theory」譯爲「組論」。殊不知這一名詞老早就有很適當的譯名「集合論」。

但是，當一個譯名被發現不適當時，就得另找新譯名了。這種不適當有兩種情形值得注意。一種是，當初使用時不適當的情況已經存在，但未被發覺，等習用一段時間以後才被發覺。例如，把「logic」這門學問譯爲「名學」，當初中國學界可能對邏輯這門學問不很熟悉，所以習而用之。但是，後來當大家對邏輯的性質有了進一步的了解以後，就發覺「名學」這一譯名很不適當。另一種是，當初採用某一譯名時，這一譯名確實很適

當，可是後來由於這個名詞觀念本身的改變，而使得譯名變成不適當了。例如，把「axiom」譯成「公理」，當初不能說不適當。因為在我們把「axiom」譯成「公理」那時以前，使用「axiom」這一詞的世界學界，的確把「axiom」當公理用。可是，這些年來，世界學界大都已不把「axiom」當公理用了。這時候，如果我們仍然用「公理」來譯「axiom」便很不適當了。因為，在對「axiom」的性質大加了解以後，發現「axiom」不是公理了。如果我們仍然沿用「公理」，則學界在努力去改進的觀念，我們會因沿用「公理」一詞，而不知不覺中固守改進以前的觀念。我們稱這種放棄舊的不適當譯名，而創用新譯名的做法為新修原則。

(3) 協和原則

我們這裡所謂協和原則，是指下面兩種考慮而言。

(a) 設「N」為一個邏輯名詞。那麼，如果我們把用在某一個場合的「N」詞成中文「x」時，在通常情況下，我們也要把用在另外一個不同場合的「N」譯成「x」，而不要譯成別的名詞，譬如「y」。在一門學問之內，同一名詞用於兩個不同場合，通常必有其理由。有時候可能因為某種理由，而使用一個有歧義的名詞。有時候可能因為這兩個不同場合有某種邏輯關連。例如，「consistence」一詞既用於表示兩個語句可以同真，也用於表示一個語句本身可以為真。又如，「valid」一詞既用於表示論證的正確性，也用於表示一個句子或句式，在任何解釋下都真的情形。在某譯一用法中，如果把「consistence」譯為「一致」，則在另一用法中也要把它成「一致」。同樣，在某一用法中，如果把「valid」譯為「有效」，則在另一用法中也要把它譯成「有效」。

(b) 設「N」為一個由「a」和「b」兩個名詞所組成的名詞。那麼，如果我們把「a」和「b」分別譯成「x」和「y」，則也要把「N」

譯成含有「x」或「y」的名譯。例如，如果把「if…then」譯成「如果…則」，則也要把「if and only if」譯成含有「如果」的名詞。

(4)　廣含原則

我們已經說過，一個邏輯名詞可能用於許多不同的場合。一個適合於某一個場合的譯名，未必適合於另一個場合。因此，譯名的選擇和撰作，要考慮到各種不同場合盡可能都適合的情形。這就是我們所謂廣含原則。譯名之事，以滿足這個原則為最難。這是因為非熟悉一個名詞可能有的用法不可。這等於要熟悉所討論的某一門學問了。例如，「logic」一詞用於指稱邏輯這一門學問時，把它譯「理則學」或「論理學」都無不可。可是，根據協和原則，如果把「logic」譯成「理則」，就得把「logical impli-cation」一詞譯成「理則涵蘊」。可是，「理則涵蘊」卻不是「logical implication」的好譯名。在初級數學中，把「variable」譯成「變數」未嘗不可，但是，在高等數學或在邏輯中，當其研究對象不限於數時，「變數」一詞便不適當了。

(5)　口語化原則

顧名思義，所謂口語化原則是指譯名愈上口愈好。關於這個原則有幾點要說明。一、上口不上口是一個程度問題，不是絕對性問題。二、雖然一般說來文言體比白話體要不上口，可是有的文言體用多了，也會變成非常上口的。三、新造的詞剛開始用的時候，一般會比較不上口，但是久而久之，一個可變成上口的名詞終究會變成很上口的。四、有些字詞的組合由於語音的特別組合，天然就比較不上口。總而言之，一個譯名以能上口為原則。例如，把「conjunction」譯成「連言」，剛開始用的時候也許會覺得不怎麼上口，但習而用之，「連言」就很上口了。可是，有人把「if and only if」譯成「若且唯若」，無論如何這一詞組是很不上口的。我

們所以要講究口語化原則，是因為希望用口語化的語言來講述邏輯。

(6) 理想坐標原則

這是一個把以上各原則綜合起來的原則。當要譯一個邏輯名詞時，我們不是只需參考上述一個或多個原則，我們需要同時參考所有這些原則。這些原則實際上可能發生互相抵觸的情形。例如，當我們要考慮口語化原則時，可能就比較照應不到廣含原則。因此，實際上我們恐怕無法把每一原則都發揮到極致。如果把上述每一原則設想為一個坐標，那麼，要譯一個名詞時，我們要做的是，尋找一個由所有這些坐標所構成的一個理想的坐標。

Ⅲ 實例討論

下面各譯名出現的次序是任意的。如果沒有特別說明，各標題譯名是各該括號內英文名詞我所選擇的第一優先譯名。括號內的其它譯名，是我認為在某些情況下還可採用的譯名。其它沒有放在括號內已有的可能譯名，如果不是我不知道的，就是我有意不採用的。

1. **邏輯**（logic，理則(學)，論理(學)）「Logic」這門學問的通用譯名有三個：邏輯，理則學，和論理學。在日文裡採用的是「論理學」。「理則學」這個譯名是孫中山譯的。就邏輯這門學問的性質看來，「理則學」和「論理學」這兩個意譯名詞都很適當。可是，「logic」一詞除了用於表示一門學問的名稱以外，還用於表示其它許多邏輯觀念。用「理則」或「論理」一詞來表示這些觀念，便有許多不適當的情形。「理則」或「論理」一詞的語意很含混。用一個含混的名詞來指稱一門學問，並沒有什麼特別可以反對的地方。可是，當邏輯一詞用來表示其它邏輯觀念時，在大部分的情況下，卻有特定而明確的意義。這時候如果再用頗為含

混的名詞「理則」或「論理」，去表示那些具有特定而明確意義的觀念，便很不適當了。例如，「logical implication」，「logical circuit」，「logical operation」，「follows logically」，「logical syntax」，「logical form」等等詞語，都有特定而明確的觀念，現在如果不把它們分別譯爲「邏輯涵蘊」，「邏輯線路」，「邏輯運算」，「邏輯跟隨而來」，「邏輯語法」，「邏輯形式」，而卻把它們分別譯爲「理則涵蘊」，「理則線路」，「理則運算」，「理則跟隨而來」，「理則語法」，「理則形式」等等，則在語意上極易引起誤解，尤其是對初學者更甚。

　　有人也許會說，當把「logic」一詞當一門學問時，我們把它譯爲「理則學」或「論理學」，而當把「logic」一詞當其它邏輯觀念用時，則把它譯爲「邏輯」。這個做法違反協和原則，而卻沒得到什麼好處。

　　早期有人把「topology」譯爲「形勢幾何學」。這個譯名固然多少能把握「topology」這門學問的一些性質，可是，「topology」一詞也用於表示其它許多拓樸學的觀念。當把「形勢幾何」用於表示這許多觀念時，便不適當了。所以，現在學界都用音譯名「拓樸學」來譯「topology」一詞。我想「logic」一詞所遇到的情形也一樣。事實上，現在學界一般也都用「邏輯」一詞來譯「logic」。其實孫中山也沒有反對用「邏輯」來譯「logic」的。他只是想給邏輯一詞找一個意譯而已。他在《孫文學說》第三章上說：

　　「欲知文章之所當然，則必自文法之學始；欲知其所以然，則必自文理之學始。文法之學爲何？卽西人之『葛郎瑪』也，敎人分字類詞，聯詞造句以成言文而達意志者也。…文理爲何？卽西人之邏輯也。作者於此姑偶用文理二字以翻邏輯者，非以此爲適當也，乃以邏輯之施用於文章者，卽爲文理而已。近人有以此學用於推論特多，故翻爲論理學者，有翻爲辨學者，有翻爲名學者，皆未得其至當也。夫推論者，乃邏輯之一部，而辨者，又不過推論之一端，而其範圍尤小，更不足以括邏輯矣。至於嚴又陵

氏所翻之名學，則更爲遼東白豕也。…然穆勒氏亦不過以名理而演邏輯耳，而未嘗名其爲名學也。其書之原名爲「邏輯之統系」。嚴又陵氏翻之爲名學者，無乃以穆氏之書，言名理之事獨多，遂以名學而統邏輯乎？夫名學者，亦爲邏輯之一端耳。凡以論理學、辨學、名學而譯邏輯者，皆知華僑之稱西班牙爲呂宋也。……然則邏輯究爲何物？當譯以何名而後妥？作者於此，蓋欲有所商榷也。凡稍涉獵乎邏輯者，莫不知此爲諸學諸事之規則，爲思想云爲之門徑也。人類由之而不知其道者，衆矣，而中國則至今尙未有其名。吾以爲當譯之爲『理則』者也。」

對孫中山上面這些話，我有幾點看法。

（a）把「logic」譯成辨學和名學，確實不適當。因爲誠如孫中山所說，辨和名只是邏輯之一端耳。

（b）我個人覺得，「論理」和「理則」兩詞語意差不多。「論理」一詞的語意似乎要比「推論」的要廣。所以，「論理學」要比「推論學」廣。「論理」和「理則」，都是造詞譯法而不是選詞譯法。因此它們並沒有傳習的意含，如果有之，只是從其組成字彙得來的。這兩個造詞的語意我覺得差不多。所以把「logic」一詞譯成「論理學」或「理則學」都沒有什麼差別。

從孫中山的行文中，我們可以說，他已經使用「邏輯」一詞來譯邏輯了。他之要用「理則」來譯邏輯，只是想給邏輯找個中文意譯而已。其實只要我們知道，在必要的時候採用音譯可能比窮做意譯要更適當。邏輯之譯爲「邏輯」，善乎其哉。

2. 恰好如果 (if and only if, 當而且只當，有而且只有) 請參看本書＜自然語言的邏輯符號化＞雙如言節。

3. 變元(variables, 變數，變項，變號)在邏輯和數學上，所謂變元是指一個符號，這個符號在主要解釋下爲某一類事物的任一分子之有歧義的名稱，而不是該事物的某一特定分子的名稱。在初等數學上，把「variable」

譯成「變數」未嘗不可。因為在初等數學上，通常我們研究的對象是數，而不是別的什麼。可是在高等數學和邏輯上，把「variable」譯成「變數」便不適當了。因為這時候，我們所研究的對象就不僅僅是數了。例如，在邏輯上，我們可拿真假值或語句，或任何元目當研究對象。根據廣含原則，我們要放棄以「變數」為「variable」的譯名。實際上，把「variable」譯成「變元」或「變號」都無不可。

4. 常元 (constants, 常數，常項，常號) 常元是一個符號，這個符號在主解釋下是某一特定東西的名稱。這東西可以是一個個元，一個性質，一個關係，等等。所以，常元不一定限於數。因此，「constant」一詞不宜譯為常數，而應譯為常元，常項，或常號。

5. 套套言 (tautology，套套句，套套式) 我們要注意的，在邏輯裡，絕不可把「tautology」譯成「同義語反復」。這在邏輯裡是一個不通的譯名。在邏輯裡「tautology」一詞有其嚴格的定義。在邏輯裡我們稱一個句子或句式為一個 tautology 恰好如果不論用什麼真值 (truth value) 賦給其成分句子或句式，該句子或句式都得真的值。例如「$P \vee \sim P$」便是一個 tautology。有人把「tautology」一詞譯成「恒真句 (式)」(永真句 (式))。這個譯名有三點不當的地方。一、一個有效 (valid) 的句式，例如，$(x)(Hx \to Hx)$，也是恒為真。因此，假如把「tautology」譯為「恒真句(式)」，也應把「valid formula」譯為「恒真句 (式)」。我們知道，在邏輯裡，tautologies 是 valid formulas 的一個特殊集合。這個特殊集合在許多地方有特別顯示出來的必要。例如，在講命題演算時，就有把這一特殊集合提出來的必要。但是，如果把「tautology」譯為「恒真句(式)」則就無法用一個特定的名稱，把這特殊集合叫出來。二、tautology 的觀念還用於表示其它邏輯觀念，例如，tautological implications 和 tautological equivalences。如果把「tautology」譯成「恒真句(式)」，就得把這兩個名詞分別譯成「恒真涵蘊」和「恒真等值」。這麼一來，在原文中

所要特別標明的 tautological 性質也就被隱沒了。同時，在處理 tauto-
logical implication 和 tautological equivalence 時，原來不需要明白負
荷的有關眞的意含，也要隨着這譯名而需要負荷起來。三、tautology 的
概念可以一般化到不含眞的意含。例如：如果我們用「1」代「眞」，用
「0」代「假」，那麼，一個恒得值「1」的句子或句式也可視爲一個
tautology。在這時候，「恒眞」的「眞」便要成爲一般化的障礙了。在
英文，邏輯家之不用「eteral truth」，而卻始終用「tautology」是有用
意的。明顯的用意是避免把「永恒之眞」的概念引進邏輯裡。我們實在不
應把人家用心避免的意含，迷迷糊糊地又滲進去。

有人把「tautology」一詞譯爲「套套絡基」。這是一個純粹的音譯。
我把這個音譯和 tauology 的定義——即 tautology 是一個句子或句式
——結合在一起，改譯爲「套套言」。套套言既可指套套句，也可指套套
式。這樣，我們就可把「tautological implication」和「tautological
equivalence」分別譯爲「套套涵蘊」和「套套等值」。這不是再方便不過
了嗎？

6. 如言(conditionals, 條件句) 在邏輯裡，negations, conjunctions,
disjunctions, conditionals, biconditionals 等字眼既表示句子也表示句
式。在中文，我想用「言」字有歧義地表示句子和句式。因此，首先我選
用「連言」和「選言」分別當「conjunctions」和「disjunctions」的通用
譯名。一般都把「negations」譯爲「否定」。「否定」的語意與其說是
表示句子或句式，不如說是表否定作用。因此，參考協和原則，我把「
negations」譯爲「否言」。「coditionals」一詞一般譯爲「條件句（式）」
。根據語意這個譯法固然不錯，但是一方面爲適合協和原則，二方面也爲
有歧義地表示句子和句式，我把「conditionals」一詞譯爲「如言」。「bi-
conditionals) 順理成章要譯成「雙如言」。

有人把「conjunctions」譯成「合取」或「契合」。這兩個譯名在語

意上與其說是表示某種句子或句式，不如說是表示某種作用。有了「連言」這一譯法，我們自然不用「合取」和「契合」了。同理，我們也不用「選取」和「析取」當「disjunctions」的譯名。

當我們要強調的是句子而不是句式時，我們可用否言句，連言句，選言句，如言句等等。當我們要強調的是句式而不是句子時，我們可用否言式，連言式，選言式，如言式等等。

7. 連言 (conjunctions) 參看第 6 條「如言」的討論。

8. 否言 (negations) 參看第 6 條「如言」的討論。

9. 選言 (disjunctions) 參看第 6 條「如言」的討論。

10. 雙如言 (biconditionals, 雙條件句（式）) 參看第 6 條「如言」的討論。

11. 量號 (quantifiers, 量詞) 在英文，「quantifiers」一詞既用於表示「some」或「all」這些字眼，也用於表示「$\exists x$」「$\forall x$」這些記號，或者同時表示這兩者。在表示純粹記號時，可把「quantifiers」譯成「量號」。其它場合可譯為「量詞」。

有人不用「量號」而卻用「量符」。在數理科學上，表示記號的名詞我們都稱為「…號」。因此，「quantifiers」一詞實在沒有例外的必要。例如，我們稱「十」為「加號」，而不稱為「加符」。

12. 量詞 (quantifiers, 量號) 參看第 11 條「量號」的討論。

13. 導謬法 (Reductio ad absurdum, 歸謬法，背理法) 「Reductio ad absurdum」一般譯為「歸謬法」。日本人也有譯為「背理法」的。但我覺得這兩個譯名語意不清。按導謬法的演證程序如下：

(1)結論之否定（視 $\sim Q$ 為眞）。

(2)矛盾之誘導（導出 $(A \& \sim A)$，其中 A 為任意句式）。

(3)結論之肯定（Q 為眞）。

這個演證程序的中心點在導出一個謬誤。因此，我新創「導謬法」一詞來

譯。在語意上這個譯名要明顯多了。

14. 命題 (propositions)　通常都把「propositions」一詞譯為「命題」。但有些人也把它譯為「命辭」。當邏輯家用「propositions」而不用「sentences」時，總多少要前者意味某種意義或思想，而不是僅僅指文字符號。中文「命題」一詞也多少一定要指及某種「問題」或「思想」。所以，我想一律用「命題」來譯「propositions」比較好。

15. 設基 (axioms, 設準, 設理, 公設)　「axioms」一詞過去都譯為「公理」。所謂公理者，普天之下都接受的真理也。在非歐幾何出現以前，大家確實以普天之下都為真的想法來看待歐氏幾何裡的「axioms」的。因此，當初拿「公理」一詞去譯「axioms」，可以說相當恰當。有一點應注意的，在中文「公理」一同所顯示的天下之至理的語意非常強的。因此，當「axioms」所表示的如果不再被認為天下之至理時，就不適合再以「公理」來表示了。

問題是，在非歐幾何出現以後，我們已逐漸明瞭，在傳習上被認為絕對真的天下之至理的「axioms」，實際上也不過是一種假設而已。這也就是說，在數理系統上所謂「axioms」者，只不過是一個或數個命題，設而準之，以作系統推演的原始基礎而已，而絕非不可侵犯不可動搖的「公理」。從某一種意義說，「axioms」者不但不是公理，反而是私理——一個系統建造者所設的命題——而已。無論如何，我們現在已不再把數理系統中的「axioms」視為天下之至理了。所以，在今天我們也不應再用「公理」一詞去譯「axioms」。否則，數學家正要努力去打掉的觀念，會因「公理」一詞而殘留在我們的觀念之中。根據新修原則，我們要重譯「axioms」了。今天，很多人把它改譯為「公設」。這個譯名已告訴我們，「axioms」是「設」的，而不是擺在那裡的天下至理了。可是，「公」者何？乃天下之所設？非也。「axioms」只是一個系統的建造者所設者而已。所以，「公設」一詞雖然比「公理」好多，仍然會令人誤解。於是，也有人

把「axioms」譯爲「設理」，「設準」，這些都是好譯名。但爲了標明「axioms」是一個系統的始基命題，因此，我把它譯爲「設基」。這樣，也可把「axiomatics」譯爲「設基法」或「設基學」。

又現在我們可把「postulates」看成「axioms」的同義語。

16. 括弧 (parentheses)　把「parentheses」，「brackets」，和「braces」分別譯爲「小括號」，「中括號」，和「大括號」，是一個邏輯的大錯。大中小是一個次序的觀念。但是在數理系統中，這三種括號的使用不必考慮到任何次序。換句話說，式子 $[(3+2)-1]$ 和 $([3+2]-1)$ 都是合句法的。也許在小學算術裡，習慣上先用「（ ）」，再用「［ ］」，然後用「{ }」，因此便不知不覺「以爲」非按此次序使用不可。其實只要一對對地對應使用，那一種括號先使用，那一種括號後使用，都無不可。因此，絕不可拿含有次序觀念的文字來譯這三種括號。各位不妨查查英文字典，看看對這些字彙的說明有沒有含有次序的觀念。根據這三種括號的形狀，我分別把「parentheses」，卽「（ ）」，「brackets」，卽「［ ］」，和「braces」，卽「{ }」譯爲「括弧」，「括方」，和「括波」。當不計及那一種時，我們可統稱它們爲括號。

17. 括方 (brackets)　參看第 16 條「括弧」的討論。

18. 括波 (braces)　參看第 16 條「括弧」的討論。

19. 函應 (function)　早期數理界對 function 這一觀念的了解是很含糊，很狹窄的。由於了解得很含糊，因此就相當任意地拿 function 的某一構成部分去指稱整個 function。譬如，傳習上是拿 function 之值去指稱一個 function。例如，對於式子 $y=x+z$, 依過去對 function 的了解，便說，y 是 $z+x$ 的 function。當然, 現在我們已經知道，這是一個不正確的說法。由於對 function 了解得很狹窄，所以便以爲 function 所關涉的只是數。把「function」譯成「函數」，相信就是來自這種含糊和狹窄的了解。由於大邏輯家弗列格 (G. Frege) 對 function 這一觀念深邃的闡

明，今天大家對這一觀念應該都有明確而廣含的了解。首先，我們知道，
function 是一種關係，一種對應，一種多一對應。其次，我們知道 function
所關涉的東西不僅僅是數。數以外的任何事物，只要可予以明確定義的都
可以。這麼一來，即令我們仍然拿 function 的值來指稱 function，也不
可把「function」譯爲「函數」了。這是因爲，可當 function 之值的不
僅僅是數。因此，有人把「function」譯爲「函元」，「函項」，或「函
詞」。可是，這些改進的譯名只是第一步的改進。這是因爲，function
這一觀念的基本意含是一種關係，一種對應。而這些譯名並沒有把握到這
一點。日本人新近把「function」譯爲「關數」，可謂考慮到這一點。可
是，「關數」一詞的意含仍然具有「函數」一詞同樣的缺點。

有一天，我忽然想到用「函應」一詞來譯「function」。這個譯名，
第一，考慮到 function 是一種對應。但不是所有對應都是 function。因
此，我加上「函」字。當然，在中文裡，「函」字並沒有表示「多一」對應
的意思。不過，用「函應」一詞去表示 function，至少可以表示 function
是關係的一種。是那一種呢？這可借助定義標定出來。因此，我現在積極
建議用「函應」來譯「function」。殷海光先生生前看到這個譯名時，他
批寫道：再好的譯名也沒有了。殷先生是我所知道的最講究名詞撰選的
人。

20. **眞函** (truth function, 眞值函應)　在把「function」一詞譯爲「
函應」以後（參看第 19 條「函應」），自然就要把「truth function」一
詞譯爲「眞值函應」。可是爲簡捷起見，我們不妨把「眞值函應」簡稱爲
「眞函」。眞函是一種函應，其論元 (argument) 和值爲眞或爲假。

在把「truth function」譯爲「眞函」以後，凡用「truth functional」
來限定的名詞，就該譯爲「眞函……」了。例如，我們該把「truth func-
tional proposition」，「truth functional consistence」分別譯爲「眞函
命題」和「眞函一致」。

21. 眞函命題 (truth functional propositions) 參看第 20 條「眞函」。

22. 眞函一致 (truth functional consistence) 參看第 20 條「眞函」。

21. 真值函數 (truth functional propositions) 參看第 20 條 下列
同上。

22. 真值一致 (truth functional consistence) 參看第 20 條 下列
同上。

V　中文語法和邏輯—若干注解

趙元任　英著
劉福增　中譯

　　本文不在討論當做中國專技哲學一部分的中文邏輯，而在討論若干基本的邏輯觀念，在中文裡如何表示的問題。因此，我將不觸及諸如下列問題：老子《道德經》上的許多悖論，墨子所提出的，白馬之白是否和白雪之白相同，或墨家所關心的許多問題。我要討論普遍的邏輯常詞（constant），諸如「而且」（和），「或者」，「所有」，「如果…則」，「不是」等的問題。這些顯然也是所有人類思想的普遍常詞。我要討論這些常詞在中國思想和語言裡採取什麼形式，尤其是採取什麼語法的形式。換句話說，我要討論的是「不」（not），而不是否言（negation）；是「如果…就」，而不是涵蘊（implication）；是「有」（there is），而不是存在（existence）。簡單說，我在這裡要討論的主要是邏輯觀念和語法形式，而不是後視邏輯和中文語法。「否定」（negation），「命題」（proposition），「前提」（premise），「推論」（inference）等等這些詞語，許多中國人並不熟悉。甚至許多讀書和寫文章的中國人也不熟悉。可是，不論是受教育或沒受教育的中國人，都會論辯和推理，雖然他們不知道他們一生曾在論辯和推理。

　　首先我必須在這大題目上，限制這篇短文章的範圍。第一，本文稱爲「若干注解」，這是表示，我在這裡並不是對這個題目做一個有系統的討論。第二，如果這個討論是包含中國語言的所有層面——包括所有方言，歷史上每一時代的語言，以及各種形態的語言，這顯然是太大的工作。因

此，我的討論將限於現代口語中文。然而，就語法的邏輯層面來說，各方言之間，歷史上各不同時代之間，及正式語言和俚語之間，相對地少有差別。我希望這點將會清楚。中國語法學家常常沒有細別他們描述的是那種形式的語言，就概括地給中文提出一個混合的圖式。他們實際上可以這麼做，其中一部分的理由，就是因為從語法的邏輯層面說，上述各不同因素所致差別相對地少。當然，我會對重要差別加以注說，如果它們關連到我們的討論。

1.「不」(not)　把否定副詞「不」放在一個語句的述詞前面，該語句便被否定。現設某一語句的形式是 SP；其中 S 為主詞，P 為述詞。那麼，SP 的否言便讀做：S 不 P。例如，「他吃」的否言，便是「他不吃」。邏輯家為方便起見，有系統地把否言號放在整個語句前面。例如，如果「A」是一個語句，「∼」是否言號，則「A」的否言，便是「∼A」。但中文也好或是我所知道任何其它語言也好，都沒遵照這種系統。在中文裡最接近於此的，是非人身的引介述詞「不是…(是)」(not that…(but))。

「不」在語句中的位置依照一個通則。這個通則就是：限定者在被限定者前面。例如，「不一定」(not necessarily)，「一定不」(certainly not)，「不能來」(not able to come)，「能不來」(be able not to come)，「不能不來」(cannot but come)。(關於「all not」和「not all」，參看下面 §5，論「all」。)

在中文裡，沒有相對於「no」的形容詞。「No one comes」的中文形式是「沒人來」——其詳細的英文形式是「There is not a person (or persons) who comes.」因此，要把有關「nothing」，「nobody」等的西方哲學問題或文字遊戲譯成中文，會有困難。這是因為形容詞「no」在文中裡採取「there is not」或「have not」這般的副詞、動詞的形式。(參看下面 §6，論「there is」。)

2.「If…then」　在中文裡，表示「if…then」最常見的方式是在後件

裡挿進副詞「就」(then)。（如果「P」和「Q」為語句，則我們分別稱「P」和「Q」為「if P then Q」的前件和後件。）當然，在中文也有相當於「if」的字眼；最常見的是「要是」，「若是」，「如果」等等。但是，如果不同時使用相當於「if」和相當於「then」的字眼時，通常僅只保留相當於「then」的字眼。例如，如果不同時使用「如果」和「就」時，語句「如果天晴，我就去」，就要寫成「天晴我就去」。如果在句子裡另有一個副詞，這個副詞常常取代相當於「then」的字眼。例如，如果把副詞「一定」挿進「你來我就來」時，這個句子便可寫成「你來我（就）一定來」。在這裡，「就」字可要，也可不要。

　　熟悉形式邏輯新近發展的人，會曉得所謂實質涵蘊的悖論（para-doxes）。這悖論是說，一個眞命題被任何命題所涵蘊，而一個假命題涵蘊任何命題。為解決這個悖論，路易士（C. I. Lewis）發展了所謂「嚴格涵蘊」的觀念。這觀念是為附和日常語言的推理而設計的。在日常語言裡，實質涵蘊和嚴格涵蘊之間的不同，並不常見。但是，顯而易見的實質涵蘊的悖論形式，在中文裡（有時在英文裡也一樣）也不是不常見的。例如，如果王某堅持語句 P 為假，他可能會說，「如果 P 眞,我不姓王。」這是說，對他來說，假命題「P」涵蘊任何東西。例如，涵蘊他不姓王。另一個在中文裡常有的說法是「…除非日出西天，才 P」。這一說法的形式是「除非 q，才 P」。此地,「除非」所引進的事物是「才」所引進的事物的必要條件。這個說法是說，不可能的事發生，涵蘊任何東西（諸如日出西天）。反之，當人要結拜兄弟時，他們會說，「卽使海枯石爛，我們的忠義長在。」這也就是說，一個眞命題（他們的忠義長在）被任何命題所涵蘊。這麼看來，實質涵蘊的矛盾形態，有時對中文邏輯並不如此矛盾。

　　3.「**or**」(或是)　懷德海和羅素拿「不」和「或是」當始原概念。他們用這些始原概念去定義「如果…，就…」。例如，如果用「～」表示「不」，「∨」表示「或者」和「→」表示「如果…就…，」就得

$$(p \rightarrow q) = \text{df}. \ (\sim p \lor q) \tag{1}$$

此地，符號「＝df」表示拿「＝」右邊的符號去定義其左邊的符號。 意即，「＝」兩邊的東西在定義上是相等的。在中文裡，人們比較喜歡用「if not p then q」的說法，而比較不喜歡用「p or q」的說法。例如，在中文裡，人們比較喜歡說，「你不來我就去」或是「不是你來就是我去」(if not p then q)；而比較不喜歡說「你去或是我去」。

在中文裡，有一個相當於「or」的字眼。這字眼就是「或是」，「或者」，或「或」。在中文裡，「或」仍有「someone」，「somebody」的意思，而「或是」或「或者」則有「有些情況」的意思。例如，「或是你來或是我去」的意思是「在有些情況下你來，在有些情況下我去」。這話並沒有排斥「你來」和「我去」同時發生的可能。在中文裡，「或是」一詞和英文的「or」一樣，有可兼容和不可兼容的歧義。 總之， 在中文裡，人們比較喜歡把用「或是」來表示的話，轉成相當的「…就…」來表示的話。因此，如用「$\lor$」表示「或是」，「$\rightarrow$」表示「就」，和「$\sim$」表示「不」， 根據中文文法的精神， 我們可把懷德海-羅素的定義轉過來，唸成：

$$(p \lor q) = \text{df}. \ (\sim p \rightarrow q) \tag{2}$$

以上所說的是關於「或是」在敍述句的情形。 我們將在下節討論「and」(而) 以後，再討論。

4.「**And**」(而) 在中文裡沒有眞正相當於英文的「and」這種共列詞。在名詞之間我們使用諸如下列的字眼：「跟」(following)，「同」(together with)，「和」(mixed with)，「以及」(reaching)(the next item)，和「與」(giving)。在中文裡， 我們使用諸如下列的字眼（形詞)來連接述詞以及語句；「又…又」(moreover…moreover)，「並且」(moreover)，「而且」(moreover)，「也」(also)，和「而」。其中「而」常譯成英文的「and」，「and yet」，「but」等等；

而「而」實際上可概括上述諸字眼的意含。就眞值情形來說，這些字眼都邏輯地等値。

總之，在中文裡，詞和句的共列，僅僅是由這些詞或句並列在一起來表示。所有相當於「and」的字眼， 在結構上不是動詞就是限定詞。 例如， 「先生太太不在家」(Mr. (and) Mrs. are not at home.) 試參考法文的「monsieur-dame」。又如， 「他老打人罵人」(He all the time beats people (and) scolds people.) 這裡都不需要像「and」的字眼。有沒有這些字眼， 也不影響語句的眞值。

在討論了用並列來處理「and」以後，我們現在可以討論在問句的「or」 (或是) 了。 我們都知道，原則上，如果在語調上沒有表示出來，則在英文裡，像「Will you eat rice or noodles?」是有歧義的。 如果語調是上升的，則這個問句的意思是「你要吃飯和麵之中的一種嗎？」這裡所期望的囘答是「是」或「不是」。這問句的「or」，是邏輯選言中的「or」。 在中文裡相當於這個英文問句的話是「你吃飯或是吃麵嗎？」或是，「你不是吃飯就是吃麵嗎？」 這些就是我們在上節所討論的兩種形式。然而，如果問這個英文問句時， 「rice」是上升調，而「noodles」是下降調，那麼，這個問句是要人做選擇。在中文裡，這種問句的問法是，把問句當做兩個詞語的一種文法上的連詞，而讓聽者去做選擇。這種問句最簡單的問法是使用並列方式，「你吃飯吃麵？」在餐館的侍者，也許會更有禮貌地問：「您吃飯吃麵啊？」

有一個通常的認定是，英文選言問句中的「or」應相等於中文的「還是」。就翻譯來說，這種認定大體是對的。但就文法的分析來說，卻很會令人誤解。這是因爲在中文，於文法上的連接句前面，我們可隨意添加「是」或「還是」這些字眼。例如，下列各式語句都在中文出現：

(a) 你吃飯吃麵？

(b) 你吃飯是吃麵？

    (c) 你吃飯還是吃麵？

    (d) 你是吃飯是吃麵？

    (e) 你是吃飯還是吃麵？

    (f) 你還是吃飯還是吃麵？

　　式 (c) 所獲得的語言效果最強。因此，人們也最喜歡使用。所以在實用上，「還是」等於「or」。然而，得再提的，中文的選言問句在文法上是連言的。這種連言通常是採取諸選項單純的並列形式。

　　5.「all」（凡，凡是）　在中文，沒有相當於「all」的通用形容詞或代名詞。當我們要說到某些東西涉及某一類的每一分時，我們把副詞「都」或其相當的字眼「全」，「皆」等等，插到主詞和述詞之間。在中文，副詞通常都在主詞和述詞之間。初級中文老師會記得，學生常犯的一個錯誤是，把「都」放在主詞前面。當然這錯誤的原由是因為「都」是副詞而不是形容詞。

　　在中文，「凡」或「凡是」顯然是形容詞。通常翻譯者也把這個詞看成相當於「all」。假如，嚴復在譯穆勒 (J. S. Mill) 的《邏輯系統》一書時，就用「凡人皆有死」這形式來譯全稱命題「All men are mortal.」有一句俗語說「凡是發亮的都是金子」(All glittering things are gold.)

　　在英文有邏輯頭腦的人，避免拿「All glittering things are not gold.」這種形式來說話，因這種說法易生歧義。沒有歧義的說法是，「Nothing that glitters is gold」或是「Not all that glitters is gold.」由於「all」概念就像「not」概念一樣，在中文是拿副詞來表示的；同時由於在中文語法，限定詞放在被限定詞前面；所以，要決定「不都」和「都不」的邏輯力量，是一件比較簡單的事。

　　在中文，要把「all」概念使用於某一類的諸分子的另一形式是，重複助名詞（分類詞）並跟隨一個「都」字。或者在名詞「人」的場合，就重複「人」字，並跟隨一個「都」字。通常在翻譯上，相當於這種重複式

的英文形容詞是「every」。例如，「本本書都燒了，」可譯成「Every volume of the books has been burnt.」「人人都不信他」可譯成「Every person, without exception, does not believe him.」或「Nobody believes him.」如果要否定的是全稱部分，那麼就把否定詞「不」或「不是」放在重複的助名詞或名詞前面。例如，「不是人人都得去。」

6.「There is」在中文，沒有相當於「there is」這種形式的字眼。在中文只有「有」(has)。「There is a man,」譯成「有人」。但是，誰有？什麼東西有？我要到下面第十節才回答這個問題。在這裡我們只要知道，在中文常有用非人稱動詞開始的語句。這種語句是不需主詞的。如果我們硬要說者回答什麼東西有，他會拿地方，時間，或情況當主詞，而說這些東西有。最常有的回答形式是；天下有 (the world has)。例如，「天下沒有這種事。」順便一提的，因為中文的「有」卽含蓋英文的「there is」，也含蓋英文的「has」，而此「有」又和「是」無關，所以，在西方哲學裡的「存有」(being) 的問題，除非從「是」分離出來，而與「有」結合，否則用中文是很難令人弄懂的。

7.「Some」(有)　有了「there is」和「有」是相同的這個了解以後，我現在可以處理中文裡的「some」(有) 了。如大家所知道的，亞里士多德邏輯並沒有覺察到，偏稱命題的存在性質。現代邏輯則把這「some is A」符示為

$$(\exists x) A x \tag{3}$$

而把這種存在性質明顯化。上面這個式子的意思是：「存在若干 x 或至少有一個 x，其中 x 為 A。」正如在中文沒有形容詞「all」，在中文也沒有形容詞「some」。英文「some men tell the truth,」在中文的正常講法是，「有的人說眞話。」我們知道，「有」的意思是「has」，就是「there is」。「的」是一般從屬詞尾。因此，「有的人」的意思是「men that there are.」換句話說，「some men tell the truth,」在中文的表

示形式是「There are men who tell the truth.」後者就是句式 (3) 所要說的。

8.「Such that」 句式 (3) 在英文通常唸成,「There is an x such that A,」等等。因為中文文法要求限定詞必須在被限定詞的前面, 要構作包含「such that」的翻譯, 似乎需要某種非常複雜的再鑄過程。但是實際上, 要再簡單也沒有了。就如我們剛剛在第七節看到的, 我們要做的, 是把句式 (3) 唸成中文就行了。例如, 英文「There are men such that they tell the truth,」唸成中文便是, 「有的人說眞話。」或者稍為不同一點唸成, 「有人說眞話」。後一說法, 把存在性質說得更爲明顯。在中文可以有這種字序和語句構作的理由, 是因爲「人」字的關鍵位置。在這裡, 「人」字一方面既可當其前面的動詞「有」的受詞, 另一方面又可當其後面的動詞「說」的主詞。因述詞「說眞話」通常都跟在主詞後面, 所以上述情形和中文構作相合。

9. 主題(topic) 和解釋(comment) 在中文語句裡, 主詞-述詞的文法意義, 不像多數的印歐語言那樣, 不是表示一種行動者-行動的文法意義, 而是表示主題-解釋的文法意義。在主題-解釋的意義中, 行動者-行動的意義是其中的一個特別情況。這種主詞-述詞關係的一般邏輯意含, 更援近符號 $A(a)$ 所表示的形式。在 $A(a)$ 中, a 不一定要代表某種行動 A 的行動者。只要 A 說及 a, 我們就可以說「$A(a)$」。其次, 如果在述詞「R」A 所說的不僅關於一個元目, 譬如包含 $a,b,c,\cdots$ 等等元目, 亦卽, R $(a,b,c,\cdots)$, 則中文語句可以採取一組多重主詞和「R」在一起。例如, 「劍橋八月二十三日國際東方學者會議宣讀論文。」這個語句如添加一些介系詞似的字眼, 如「在」, 或代表行動者的字眼, 如「會員」, 則會更像英文。但上面不加這些字眼的形式正是正常的中文。在此有兩點要說。一、「劍橋」, 「八月二十三日」, 「會議」這三者都不實施宣讀論文的行動, 但上述語句是正確的中文造句。二、這些多重的主詞多少要受到讀

休，質詞，和字序等的形式特徵所限制。同時，雖然中文語句可以有這種多重主詞，但是這些主詞並不像元目 $a,b,c,\cdots$ 在「$R(a,b,c,\cdots)$」中那樣，都具有同一程度的一般性。例如，在上舉的語句中，「論文」這字眼，由於其位置所在，而成為動詞「宣讀」的受詞；同時，雖然它很可以成為「$R(a,b,c,\cdots)$」括弧中的一個論元（argument），但是它在中文中不能成為一個文法上的主詞。

10. 「有人」(has man)，「下雨」(downs rain) 等等。 最後，我們要談一種相當常見的語型。這種語型是僅僅由述詞所構成的，其中並沒有被表示或被意會的主詞。例如，在上面第六節中所看到的「有人」，便是這種語型。大自然的現象也用這種形式表示出來。例如，「下雨了」(Downs rain,—it is raining)；「起霧了」(Rises fog, — there is a fog)；「抽水了」(Runs (away) water)；「退燒了」(Subsides fever, —the fever subsides.) 上面所舉中文句子中的英譯，多少會令人誤解；因為從這些英譯看來，好像是把主詞-動詞的次序前後轉過來的樣子，但在中文是沒有動詞-主詞這種次序的文法分析的。像「抽水了」是典型的動詞-受詞的構作。在文法上，主詞-述詞的字序，在中文是沒有例外的。

像這種由非人稱述詞組成的語句，不能拿亞里士多德邏輯來處理。現代邏輯雖然沒有明顯討論這種非人稱語句，但這種語句如要用現代邏輯來處理，應該不會有什麼特別困難。如果非人稱動詞沒有受詞，則語句不需要有進一步的邏輯分析。這種語句不過是 p，q 等等。如果非人稱動詞有一個受詞「a」，則我們可把語句分析為「$A(a)$」。

——本文譯自 "Notes on Chinese Grammar and Logic"，*Philosophy East and West*, V (April 1955)。若干地方譯文有所刪改。

Ⅵ 設基法要義

蒲棱茨　原著
劉福增　譯註

中文重譯序

本書中文初譯，出版快九年了。在邏輯課上每次講到設基法時，我都要學生閱讀本書。我給學生的介紹，通常不會忘記提到下面兩點。一、本書是一本好書，內含豐富，行文精簡，要細讀精讀。二、假如各位因得不到情書而睡不着，可以讀讀本書。

本書英譯本，簡直找不到一句 simple sentence。因此，當初我雖然很細心去譯，仍然有不少地方還不明暢。去年十月自美返國以後，偶爾翻閱初譯，覺得非大大修改不能自安。於是我立即下手從頭重譯。由於我個人對設基法的認識比起九年以前，要深刻多了，所以這次重譯相信能把初譯中不適當的地方一一改進。在此我也要請求讀者，假如你藏有初譯本，請立即把它丟掉吧。

本書初譯本單獨成册，但由於頁數不多，不易發行。現在把重譯本編進《邏輯與設基法》。

為了幫助讀者閱讀，這次重譯我又增添不少注解。注解的安放有兩種方式。一種是插到本文裡。在本文中凡是括方「〔 〕」內的文字，都是我加的。另一種則放在脚註。在脚註中凡沒有「原註」字樣的，都是我加的。本文內人物的生年簡介也是我添的。

劉 福 增
國立臺灣大學
1976年3月初寫
1982年1月25日修改

中文初譯序

　　人類的知識活動是一種系統展開的活動。系統化的思想在西方世界已有很長的歷史。希臘人的系統化思想，表現於設基法。設基法的建造，至少可上溯到歐基理德。但是，顯明地把設基法當研究對象的，則自十九世紀中期非歐幾何出現以後才開始。有系統地把設基法當一門學問來研究，則是最近才興起。

　　設基法的研究，大大幫助我們了解人類各種知識的性質。設基法產自數學和邏輯，而其燭光首先照耀到的也是數學和邏輯。數學和邏輯經這一照耀以後，使我們能夠對數學是什麼，邏輯是什麼，等等這類的問題，做進一步的回答。依現在的趨勢看來，設基法之光照，逐漸廣被到其它知識領域。藉設基法的研究，我們將能更清楚知道，在知識活動中，「我們正在做什麼？」和「我們為什麼這樣做？」等等的問題。

　　本書原本是用法文寫的。本書譯自 G. B. Keene 的英譯本第二版（1965 年）。本書寫得非常精簡，所以是一部必須精讀的書。為幫助讀者閱讀，我加了五十幾條註解。因時間關係還有許多需要註解的地方而沒加註，以後有機會再補上。每節後面的問題是我添加的。這些問題，有的可在相關的章節中找到答案，有的則必須另找資料才可以做出。

　　我的學生鄭瑩和陳亞君曾幫忙抄寫譯稿。在此謝謝她們。

　　最後我想把這本書獻給抱病替我修改本書譯稿的殷海光老師。他還吩咐我，要寫一篇有分量的長序。但因時間關係，我沒有做。可是，相信我不會偷懶的。等再多點準備以後，我想自己寫一部《設基學》。我希望能

完成這部書，以答謝他的期待。

劉　福　增
1967年 5 月 2 日
國立臺灣大學

英文譯序

蒲棱茨教授這本 *L'Axiomatique*（設基法）在 1955 年第一次出版。這類書一直還沒有用英文寫的。本書討論的問題，有很多人寫過。但是這些討論，不是只在邏輯教本相關的章節上做概要式的介紹，就是假定已經充分熟悉設基法的基本概念的專門技術去寫。但 *L'Axiomatique* 這本書則不然。這本書所討論的題材，不但可使原先沒有任何設基法基本概念的人，讀得懂，並且也會令專門邏輯家，感到興趣。這個譯本譯了原書 1959 年第二版五章書裡的頭三章。原書另外兩章所討論的，是設基法在科學和哲學上的重要性。因為這兩章與本叢書的內容沒有嚴格相關，所以省略了。因此，這個譯本不能把原書有計劃的連續論證，顯現給英文讀者。可是，就給設基法作概要的介紹來說，這三章已經很充分了。

有許多地方，本書譯得很自由。這是為不要因一字一句的對譯，而犧牲了邏輯觀念的清晰。尤其是有些術語，法文和英文看來很相似，但表示的是極不同的概念。因此，如果也一一對譯，就不能表示清晰的邏輯概念了。同樣，在譯述過程中，我也省略了某些字詞。如果不省略，與其說把要點說得清楚，不如說會把要點弄濁。

我很感謝蒲棱茨教授給本書譯稿的寶貴批評。

G. B. Keene

一. 歐基理德的形式演法之缺點

1.〔引 語〕

古典幾何，如歐基理德（Euclid，希臘數學家，約生於公元前三世紀）在他的《幾何原本》(*Elements*) 中所展示的，長期以來一直被認為是**演繹理論** (deductive theory) 的範例，而且也少有其它演繹理論可以贏過它的。在古典幾何裡，決不把一個未加定義的新的理論名元（詞）(term) 引進〔系統來〕。並且，除掉在開頭那些被當做基本原理來陳示的少數命題以外，也不把任何未加演證的命題認為〔在本系統內〕為眞的。一個有限程序的演證，必要以某些所設的**始初命題** (initial proposition) 為基礎。在《幾何原本》裡，這些被選的始初命題，〔向來被認為〕是任何神志正常的人，不能加以懷疑的。其次，在古典幾何裡，那些被斷定為眞的命題，雖然可以在經驗上為眞，〔即可以在經驗上證實為眞〕，但學者並不訴諸經驗來支持其眞。〔在幾何裡，拿而且只拿演證來顯示其眞。〕這也就是說，幾何只依演證的方式來進行。這種演證只要根據先前證好的命題，和遵守邏輯規則就行。這樣的演證可保證，每一命題都和其它命題關連著。並且也保證，每一命題都是先前證好的命題〔或始初命題〕導出的**衍子** (consequence)。這麼一來，〔在幾何裡〕一個緊緊相接的網狀系，便逐步建立起來。在這網狀系裡，所有命題都直接間接關連著。於是，調換或改動系統的一部分，便會〔或很可能會〕影響系統的全部。萊布尼茲 (Leibniz, 1646-1716，德國哲學家數學家) 說，「希臘人以最大可能的正當〔程序〕在數學裡進行推理。他給人類留下演證

藝術的模範。」❶〔幾何的這種建造〕，不使它成爲一種對實際世界的描述，或對經驗的最好敍述，而寧使它成爲一種理性的科學了。這麼一來，在教學上，幾何便負有一項特殊的任務。那就是，在學校裡，我們教學生幾何，其主要目的，與其說是敎他們以〔有關經驗世界的〕眞理，不如說是訓練他們的心靈。演練幾何的目的，被看做是促進和發展嚴格推理的習慣。正如布朗維克 (L. Brunschvicg) 所說，「歐基理德對無數讀他的書而成長的人來說，與其說是做他們的幾何老師，倒不如說是做他們的邏輯老師。」❷「更幾何一點」，這話事實上是指，「更邏輯一點」。

這麼久以來，雖然歐氏幾何一直被當做演繹理論的模範來接受，但它所依據的邏輯資具不是沒有缺點的。這有缺點的事實，是愈來愈明顯了。其中若干缺點是顯而易見的。但一直到十九世紀，傳統的演繹法和一個理想的演繹法之間的不同，才被看出來。在十九世紀，數學的一個特色是，邏輯嚴格性的需求。這個需求〔自此以後〕日趨顯著。如果我們拿這種新嚴格性的要求來檢查，就可看出，古典幾何的演繹論法中有許多毛病。一般設基法大半就是爲修正這些毛病而產生的。如果我們細察幾何演繹的性質，尤其是它在邏輯和形式上的特徵，我們就可把這些特徵，從幾何的所有內容中完全分離出來。我們因而也可知道，這些特徵可能普遍地應用於任何演繹理論。在今天，要把一個演繹理論，拿設基系統的形式展示出來，已經是尋常的事了。這樣展示的設基系統，和巴斯哥 (Pascal, 1623-1662，法國哲學家數學家物理學家) 爲超人的腦袋所夢想的幻妙系統，完全不同。在巴氏的幻妙系統，所有的名元都要定義，所有的命題都要演證。在一般的設基系統則不然。在後者，未定義的名元和未演證的命題，完全明文說出來。那些未演證的命題，僅僅是系統中的一種假設而已。以這些假設爲基礎，所有系統中的其它命題，可依一定和完全明文規定的邏

---

❶ 萊布尼兹，*Nouveaux*, Ⅵ, Ⅱ, 13——原註。
❷ 布朗維克，*Les etapes de la philosophie mathematique*, Chap. Ⅵ, § 49. ——原註。

輯規則演證出來。

當然，如果忽視一種方法所以被採用的理由，那麼，這種方法似乎是無根據的。爲着要了解設基法的功能，我們必須先討論〔歷來〕設基法所擬修正的〔先前的設基法的〕缺點。〔我們將在第一章進行這種工作。〕不過我們不要誤以爲，現階段的設基法，已經達到完美的形式。設基法在其發展的過程中，變得愈需要嚴格。這種發展，使得設基法變成一門嚴格的科學。歐氏幾何以後的幾何學家，愈是運用設基法，便愈感到其嚴格性的需要。這種需要，便使設基法在其原來的發展目標上，得到長足的進步。在本書中，我們不想研究這些進展的詳細歷史。設基法的發展歷史至少能劃分爲兩個主要階段。第一個階段在本世紀初出現（第一章）。第二個階段則約自 1920 年開始（第二章）。

問：從傳統的數學教育來看，爲什麼我們說「更幾何一點」，實際上是指，「更邏輯一點」？

2. 設　準

第一件必定使思想嚴格的歐氏幾何讀者感到惱怒的，是該系統中含有〔沒有明文化的〕設準（postulate）。這些讀者，對在《幾何原本》的開始，和定義及設基（axiom）❸一起所給的那幾個設準❹，並不會有什

❸ 傳習上都把「axiom」和「postulate」譯成「公理」或「公設」。旣是「公」的，於是大家便該無異議接受。在非歐幾何出現以前，人們也委實以這種想法來看古典演繹理論裏的「axioms」和「postulaets」的。但自非歐幾何出現以後，我們已逐漸明瞭，在傳習上被認爲絕對爲眞的不證自明的「axioms」或「postulates」，實際上也不過是一種假設而已。這也就是說，所謂「axioms」或「postulates」者，不過是一個或數個命題，設而準之，以作系統推演之始原基礎而已，而決非不可侵犯不可動搖的「公理」。爲免除誤會，本書想把「axioms」譯成「設基」，「postulates」譯成「設準」。這種譯法，似乎更合於「設基法」（axiomatics）的精神。

❹ 這些設準，如：
(1)任何兩點可畫一直線。
(2)一直線可任意延長。
(3)以任一點爲中心，任一長爲半徑可畫一圓。
(4)所有直角都相等。
(5)如果一直線通過另兩條直線，並且如果其一邊的兩個內角之和小於二直角，則該二直線的延長線會在此邊相交。

麼反對。這些設準具有相當普遍的運算性。同時它們只是叫我們可以用直尺和圓規來構圖。實際上，一再使人惱怒的，是歐氏在開始他一連串的演繹以後，就在演證過程中，一再要我們默認某一命題。除了要我們訴諸直覺的證據以外，他沒有給我們承認這一命題的任何理由。❺ 例如，為演證他的第二十九條命題，他要我們承認，自直線外之一點，只可作一條和該線平行的線。〔這一命題，相當於我們現在所謂平行設準。〕初看起來，平行設準是這個幾何系統以外的東西。它不過是為添補邏輯連串的空際而做的一種設計而已。在幾何學家看來，平行設準似乎是一條經驗的定理，其眞是沒有問題的，只是其證明尚待發現而已。〔這個為歐基理德所默認的命題，一直引起思想家的興趣。〕亞力山大、阿拉伯和近代思想家，都不斷想演證它。不過，他們找到的演證，分析起來，常常被發現是建立在另一個〔未被覺察的〕假定上。這就是說，他們不過是改換了〔和平行設準等值的另一〕設準而已。〔思想家既然無法直接演證平行設準，於是便想假定它不成立，看看能演證得何種結果。尤其是想證得一些彼此不一致的結果。〕這一演變，就從直接演證的失敗，引至導謬演證的觀點。❻〔可是，這種尋求不一致結果的努力，也失敗了。然而，這個假定平行設準不成立的演證發展，卻在不自覺中〕，創立初期的非歐（Non-Euclidean）幾何。〔所謂非歐幾何，粗略地說，就是不依據平行設準而發展的幾何。〕

　　非歐幾何的出現，在知識論上是相當重要的。非歐幾何幫助玄思的幾何學家，轉移其注意的焦點。這種轉移就是，從幾何內容轉移到幾何結

❺ 前面提到的斷定平行線存在的定理，是預先假定我們能無限地延長一直線的。這個假定的命題，即使予以否定也不會自相矛盾。

❻ 導謬法的演證程序如下：
　1. 結論之否定（視 ～Q 為眞）。
　2. 矛盾之誘導（導出 [A&～A]，其中 A 為任意句式）。
　3. 結論之肯定（Q 為眞）。
關於如何建立導謬法，可參看：
劉福增譯修裴士（P. Suppes）著《現代邏輯與集合》第 2-4 節。

構；從孤立命題的實質之眞，轉移到整個系統內部的首尾一致。三角形內角之和，是等於，小於，還是大於二直角呢？在這三個可能中，古典幾何學家的囘答是：第一個才眞，其它兩個都假。但是，在現代幾何學家看來，這三種可能，只是〔在不同幾何系統中〕三個相異的定理而已。在一個而且只是同一個系統內，這三個可能才相互排斥。三角形內角之和，到底是等於，小於，還是大於二直角，要看我們假定過直線外之一點，到底有多少平行線而定。如果對平行線的可能數目留做未決的話，這三種可能，還可同時出現在更弱❼和更普遍的系統之內呢！到底這世界經驗，證實這三個可能中的一個而且僅僅那一個，這只是應用科學的事，而不是純理（即形式）科學的事了。

這從平行設準的困難所生的新的想法，自然會擴延到所有設準。〔例如，現在我們也可發問：兩點決定一條直線，多條直線，還是一條也未決定呢？〕現在，我們可以看到，兩個層面的幾何之眞正的分離了。〔這兩個層面的幾何，就是應用幾何和純理幾何。〕這兩個層面幾何之眞，在非歐幾何出現以前，一直密切交織著。從前，一些幾何學家一直把幾何定理，想做：旣是一種有關世界事物的描摹，同時又是一種心靈的建構；旣是一種物理法則，同時又是一種邏輯系統的一部分；旣是一種事實之眞，同時又是一種理性之眞。今天，理論幾何學已從這些詭奇的配對中，把前面一個層面的問題完全拋開，而把它們交給應用幾何學。這麼一來，所謂幾何學的定理之眞，僅僅是指它們在某一系統內的一致而言。這也就是，爲什麼相互衝突的定理，只要各屬不同的系統，它們能夠同時爲眞的道理。至於就某一個系統來說，除掉在邏輯意義的一致或不一致以外，再也沒有眞假的問題。這麼一來，支配一個系統的所有原理，只不過是一些假設而已。這也就是說，這些原理只是被預先設定，而不是我們斷定其爲眞的命題。因此，在純粹演繹系統裡，就沒有像物理學家懷疑他們的推測那樣可

---

❼　此處意卽斷說更少的。

懷疑的餘地。所以，純粹演繹系統在經驗界的眞假範圍以外。它們只是一種取決一種約定而已。〔這些認識非常重要。人類實在沒有能力從『絕對眞的命題』出發，而展開他的知識系統。在純理演繹系統裡，『絕對眞』的觀念是沒有用的。 當我們建造一個純理系統時， 不論它是演繹或其它的，最好的辦法是，把支配該系統的所有原理，看作是假設性的。這也就是說，我們不問這些原理是否爲孤立的眞，只問它們是否彼此一致。我們所關心的問題是，『假如這些支配系統的原理爲眞，其隨後所導出的命題是否也眞？』〕這麼一來，數學的眞，便得到一種新的更普遍性的意義。這也就是說，數學的眞，是一個廣含的涵蘊關係網構。在這關係網構中，所有原理所成的連言構成前件，而所有定理所成的連言構成後件。〔這麼一來，一個『相對性』的純理的世界，便顯現在我們眼前。所謂『心靈的自由創造』，便可在這樣的世界裡，獲得最大可能的舒展。〕

從傳統的觀點來看，數學的演證是定言的確然的。依據這個觀點，因爲我們所論及的原理是絕對的眞。所以，從那些絕對眞的原理推出來的命題，便必然爲眞。可是在今天，我們的看法便不一樣了。我們僅只說，如果我們任意假定這組或那組原理，那麼，這樣那般的結語，便可從它們推演出來。我們只能在命題統合之邏輯連線中找到必然性。這種必然性並且是完全與命題本身分離的。因此，數學便成爲一門設基化的系統。

問1：爲什麼就一個系統本身來說，除掉邏輯意義上的一致或不一致以外，沒有所謂眞假問題？

問2：爲什麼英國人克里弗（W. K. Clifford）說，非歐幾何的出現，是「幾何學上的哥白尼式的革命」？

3. 圖 形

在表面上看來，歐氏幾何的平行設準，並不訴諸我們的空間直覺，但是實際上卻不然。這是因爲，歐氏幾何的整個演證程序，都得乞求這種直

覺。潘迦列 (H. Poincaré, 1854-1912, 法國數學家) 說的好。他說，這個古人看來完全沒有邏輯毛病的宏偉建構，實際上每一點都拿直覺爲根據。歐氏幾何裡的圖解，不是說明這種情形再清楚不過了嗎？但在幾何教本上，〔似乎〕沒有這樣明顯告訴我們這點。因爲我們總以爲，圖形只不過是推理的補助，而不是不可缺少的。我們之利用圖解，只不過是藉助視覺來重複邏輯演證而已。其實，眞相再清楚也沒有了。那就是，當我們把所畫的或所想像的圖形省掉時，我們的演證就崩潰了。這種情形，我們只需看看歐氏幾何的第一個命題，就得了。這個命題就是有關在一所予線段 AB 上作一等邊三角形的問題。歐氏幾何告訴我們的作法是，以 A，B 兩點分別爲圓心，以 AB 爲半徑作圓；此兩圓相交於 M。M 至 A 和至 B 的距離，都等於半徑 AB。此點 M 就是所求三角形的第三頂點。這種作圖法，對一個不能看或不能想像圖形的人來說，是有缺點的。什麼東西保證此兩圓會相交呢？點 M 的存在，是用眼睛看出來，而不是證明出來的，〔既是用眼睛看出來的，如果這一點遠在我們的視覺之外時，將怎麼辦呢？況且，人的眼睛或直覺不一定可靠。因此，假如我們的幾何系統仍然要建立在這麼薄弱的基礎上，則這門知識的可靠性，就很值得我們的理性去懷疑了。我們要如何去消除這種缺點呢？圖形的符號化或數字化，便可承當這份任務。解析幾何所做的，便是這項工作。當我們把幾何代數化以後，就可把幾何空間的研究，放在更穩固的基礎上。〕

　　幾何理論是否不可缺少圖形的問題，向來有很多討論。如果我們把古典幾何的演證當做模範來看，那麼，我們顯然要容許圖形之直覺（不管是玄思式的直覺或加圖形式的直覺）。康德 (Kant, 1724-1804, 德國哲學家) 在他的《純粹理性批判》一書上，就堅持這一點。他說，假如我們把一個三角形的概念供給一個哲學家，不管他怎麼努力去分析它，譬如，叫他研究一下直線，角，數 3，等等這些更基本的概念，他也決不能夠從中發現其三內角之和等於二直角這個性質。但是，假如把這個問題交給一個

幾何學家，他就會作三角形的圖形。然後延長其中一邊等等手續，藉助直覺不斷引導一連串的推理，他就可以達到這個結果。庫諾（Cournot）和哥布雷（Goblet）等人，也持類似的見解。現今，直覺論的數學家，以更精緻的形式抱持這種見解。但是，我們也可做別的想法。這就是，如果我們把訴諸直覺，看做是邏輯構作上的一種確定的缺點，那麼，我們應該設想以別的途徑，改正古典演證方法。這也就是說，我們要拿和直覺等值，但卻沒有直覺之毛病的方式，來替代直覺。這一方法上的改變，在新幾何上是一件極重要的事。因為，在新幾何中，我們不許作空間的直覺表現。〔因為直覺不常可靠。例如，形態心理學對於知覺的實驗就顯示此點。〕

圖形之〔正確〕使用，〔應該僅只〕是把可單單用純理表現的東西，〔拿物像來〕使肉眼看得更清楚而已。直覺的力量是很大的，它常使我們對之視而不見。〔這是因為太習以為常，而把它視作當然。〕例如，歐基理德無論在什麼地方，都沒有陳示過下面的命題，但他卻拿它來當演證的根據。這個命題就是，「如果一直線有兩點同在一平面上，則它就完全包含在該平面裏。」這種情形之發現，才不過一個世紀。古典幾何中還隱含很多情形類似的命題。例如，某某情形存在的命題，就是這類命題。一個憑直覺可能作出的構圖，固然確能告訴我們，某一構念並不含有矛盾。但這只是一種事實印證的樣式，而不是演繹證明。有關全等的命題，就是由事實去印證的。同時，如果要容許各種虛量運算，在幾何裏就必須假定這些全等的命題。例如，作與其自身邊界相合的圖形，就是個例子。在《幾何原本》上，只陳示過一個類此的命題，並且把它當做設基的。我們也不應疏忽陳示拓樸性質的命題。所謂拓樸性質，是指完全獨立於角及測度的次序和連續性的性質。〔試取一塊某一形狀的橡皮，然後把此橡皮弄彎或拉長。當弄彎或拉長時，該形狀中仍然不變的性質，就是拓樸性質——原註。〕因為在圖形上，這些性質都看得很明顯，所以，歐基理德和十九世

紀以前他的後繼者, 都在不知不覺中, 忽略了這些性質。但他們在每一演證步驟上, 都使用它。這種繼續不斷訴諸直覺的作法, 顯然和嚴格演證程序的要求相衝突。 如果我們要嚴格進行演證, 那麼, 就得把所有那些被預設的性質, 明文陳示出來。這就是說, 那些要演證的命題, 應斷定爲定理, 其餘的都應看成設準。

問: 試舉古典幾何學中, 沒有明文陳示的「某某情形存在」的命題。

4. 設 基

爲把幾何中的原理完全呈現出來, 習慣上, 常在設準的旁邊設置設基 (axioms) (歐氏也叫它做普通觀念 (common notions)) 和定義。 但是, 從嚴格的邏輯觀點看, 這種安排有理由嗎?

設基與設準之區別, 從沒有人做過很精密的研究。 過去也好現在也好, 這兩個字一直交互使用。因此, **設基法** (axiomatics) 這個名稱, 也可用「設準法」 (postulates) 來代替。 歐氏幾何的編者們, 常把歐氏在演證的過程中所假定的性質, 放在《幾何原本》的開頭。有時也把這些性質, 列舉在標題爲「必要性質」底下。有時也把它們列舉在標題爲「普通概念」底下。如果說〔歐氏幾何中的〕設基和設準有什麼區別, 那麼, 我們可以說, 設基含有理智的自明之理的觀念, 但設準卻是一種綜合命題。因此, 設準的矛盾雖然難於想像, 但卻仍然可以思議。但是, 設基卻是一種分析命題。其否定簡直是荒謬。再說, 設基的功能是純形式上的原理。這些原理支配推理的諸步驟, 但其本身卻不含任何內容。不過在今天, 設基和設準這兩觀念, 已合在一起。但到底如何合起來, 卻沒做過精確的分析。

當今, 自明之理的觀念在數學家間, 已愈來愈不流行了。自明之理的範距, 也因人的理智力之不同而改變。如果我們決定要依靠直覺, 則重直覺的人, 就一定要我們, 不接受許多不明顯的演證。這是因爲, 這些演證

比它們所要支持的定理更不明顯❽。但在另一方面，又有人會提出更大的
要求，要我們拒絕承認無條件的必然性設基。這麼一來，歐氏幾何的某些
設基，對現代的數學家來說，是一種萎退的東西了。例如，全部大於部分
的設基，在一種意義上，只對有限集合才成立❾。這個設基還可用來定義
有限集合呢。在此意義上，這個設基不再是一個分析命題，而是一個做為
界域線的約定了。這個約定，一個有理智的人是不違犯的。同樣，古來所
依靠的自明之理，和定疇數學之理型密切相關。在定疇數學中，一個不能
演證的命題，總得設法保證其真。這類理型現在已在設基法中實現。其要
領是，把數學命題建在邏輯首尾一致的觀念上，而不建在絕對真的觀念
上。〔這也就是說，一個數學命題是否為「真」，要看它和其它已被認定

---

❽　這也就是說，有許多重直覺的人，要我們拒絕接受許多演證法。因為，這些演證法在直覺上
看來不明顯——比它們所要證明的定理還不明顯。我們在證明某一定理 T（我們以為 T 較
用以證明它的演證 D 明顯）時，T 較 D 看來明顯，而實則 T 係藉較模糊的 D 來證的
．這樣的訴諸直覺，豈不可笑？現舉個例子看看。這個例子取自≪高中數學第一冊≫，東華
54 年 8 月版。
定理 2-2 設 A,B,C 為一線上相異之三點，則其中有一點介於其餘兩點之間。
證明：
　　利用標尺設基在此線引用一坐標系。設 A,B,C 之坐標分別為 x,y,z。於是有下列六種
可能：
　　(1) $x<y<z$,
　　(2) $x<z<y$,
　　(3) $y<x<z$,
　　(4) $y<z<x$,
　　(5) $z<x<y$,
　　(6) $z<y<x$。
無論為何種情形，由定理 2-1，即推得本定理。如為 (1) 或 (6)，則 B 介於 A 與 C 之間。
如為 (2) 或 (4)，則 C 介於 A 與 B 之間。如為 (3) 或 (5)，則 A 介於 B 與 C 之間。
　　這個定理的演證法不是比定理本身更不明顯嗎？按「標尺設基」即指：
　　線上之點可使其與實數成如下之對應：
　　(1) 對於線上每一點恰有一實數與之對應。
　　(2) 對於每一實數，線上恰有一點與之對應。
　　(3) 任意兩點之距離為其兩對應數之差的絕對值。
又定理2-1即指：
　　設 A,B,C 為一線上三點，其坐標為 x,y,z。若 $x<y<z$，則 B 介於 A 與 C 之間。
❾　這裡所謂「大於」(is greater than) 的意思，是指「具有更大的巾勢」(has a greater
power than)。在無限集合的場合，這個設基就停止生效了。因為在無限集合中，全部「
與剩餘的在一起包含」部分。——原註。

或接受的命題，能否首尾一致而定。如果能，則爲眞；如果不能，則爲假。這樣，在數學上就沒有絕對眞的觀念。或者更乾淨俐落說，數學命題已沒有普通（即經驗）意味上的眞假問題。它只有是否有效地被導出的問題。這樣，我們就拿邏輯的觀念取代數學中經驗的觀念。經這一取代以後，數學便走進邏輯化的道路。〕在給幾何系統化的要求，做優先考慮時，我們得把獨立性的命題減至最少。……

…在古典幾何中，設基被當做一種介於邏輯命題和幾何命題之間的中間物。它具有規律性，所以像邏輯命題。它與量有關，所以像幾何命題。但是，如果應用邏輯原理到數學的基本概念，而可把它們導出來，則它們應重新歸類爲應用邏輯的命題，而不再爲基本的幾何命題。如果它們不能這樣被導出來，它們將被顯示爲眞正的設準。因此，每一設基，實際上，如果不是設準，就是非幾何命題。不論如何，它們不能再被當做幾何原理，而與〔眞正的〕設準一起陳示在系統的開頭。

5. 定 義

〔設基既然不能當做幾何的基本原理〕，定義更不用說了。把定義當做幾何的基本原理，是一個明顯的邏輯上的大錯。我們之把某些命題，當做某一系統的基本命題或始原命題，只是因爲在這一系統中，我們不能演證每一命題。對定義來說，其情形也一樣。一個名元要用別的名元來定義。依次，這些別的名元，也要用另些別的名元來定義。如果要避免這樣無限遞退，我們必須在某一未定義名元上停止。這正像演證必須在某一未演證的命題上停止一樣。借用羅素 (B. Russell, 1872-1970, 英國數學家哲學家) 的比喻，這些不可化約的名元，構成一種幾何學的字母。它們爲最後的元素。我們用它們構作定義。它們使我們能拼出被定義的名元。但它們自身〔在某一系統內〕是不可定義的。一個演繹理論的開頭，應該陳示的，是這些未定義的名元，而不是定義。定義是後來才有的。當我們拿

一個新的、較簡單的名元，直接或藉助中間定義，去代替一個由始原名元所構作的名元組合時，其中便有一個定義。這種作法，正像藉助始原命題，拿演證去支持新命題一樣❿。〔所謂由始原名元所構作的名元組合，是指由一個或多個始原名元單純並列，或藉一些連詞連號組合而成的名詞或名式。例如，設 a, b, c 爲始原名元，「△」和「∗」爲連詞或連號。那麼，「$(a\triangle b * c)$」可能便是一個名元組合。如果我們拿名元「α」去代替這個名元組合，便有一個定義。這個定義可寫成：

$$\alpha = \mathrm{df}.\ (a\triangle b * c)$$

這裏符號「=df」表示，在這符號兩邊的名元或名元組合，在定義上是相等的。〕

這樣看來，歐氏幾何開頭那些定義，只是貌似定義。它們實際上，只是經驗的的描述。這描述可比作字典上所給的，要人注意問題的某些概念所下的定義。嚴格說來，它們是描述的話。這就是爲何它們難於達成要它們做到的目的。這個目的就是，利用含被定義名元的命題，陳示一些基本性質，使得這些性質，涵蘊歐氏幾何的其它一切性質。歐基理德把一直線定義成一線，其中在此線上的點，都均等地在此線上。赫隆（Heron，希臘數學家發明家）則以下述方式定義直線。這就是，直線是兩點之間最短的線。初看起來，這個定義似乎清楚一點。萊布尼茲說的好。他說，大多數有關直線的定理，都沒有用到上述兩定義所陳示的性質。這麼一來，第一，這種定義是多餘的。第二，這兩個定義把一個事實隱藏起來。這個事實就是若干陳述根本性質的命題，被忽略了。例如，其中一個被忽略的命題是，兩直線不包圍一空間。後來的歐氏幾何的編者，才把這命題顯露出來。在擬似定義中陳述的性質，和實際上在證明中使用的性質，這兩者之間的不符，構成極嚴重的邏輯缺點。這是因爲，這種不符使我們無法確

❿ 這個定義與演證之間功能的類似，巴斯哥在他的未完稿 *De l'esprit g'éometrique* 上已注意到。——原註。

知，在定理中所涉及的直線，是否就是直線的定義所要稱指的直線。

〔從上面的討論，我們可以看出，在古典歐氏幾何中，有兩種性質極不相同的定義。在系統的開頭所陳示的，實際上是一種假定義。因為這些定義，實際上是一種斷說，而不是一種賦名。在數學中的真定義，應該只是賦名的。在系統展開中所陳示的定義，才是真定義。因為這些定義只在賦名。〕

就在這個定義問題上，古典幾何的研究，經常錯把系統開頭的假定義，和在後才出現的真定義，看成同是一種東西，而沒有〔正確地〕把它們看成是兩種性質極不相同的敍述之混合體。這兩種不同性質的定義〔就如上段所說〕，一種是斷說，一種是賦名。這種混亂，無疑是長期以來，人們有下述觀點的來源。這種觀點就是，定義是一種豐富的原理，從中諸定理導出其所有根本性質。現舉歐基理德的第十五個定義來說吧。這個定義是，圓是由一線所圍成的平面圖形，其中此圖形和圖形內的某一定點的諸連接直線，都相等。這定義說了兩件事。第一，可用合乎某某情況的線，來限定一個平面圖形的界線。第二，這樣的圖形，叫做「圓」。這第二個敍述，顯然更配當「定義」這個名稱。因為，嚴格說來，第一個敍述是一個斷說。第二個敍述則只涉及語言。嚴格說來，這第二個敍述，沒把任何新內容引進幾何學。這個敍述是一個取決，或為簡化符號而做的約定。它是否適當，要看它是否方便而定。它與真假無關。但從這，我們不可說，我們能隨意斷說和這第二個敍述相應的第一敍述。因為，這第一敍述是一個命題。它有真假可言。因此，它是真或矛盾的根源。假如我們要摒除暗中訴直覺的不適當，那麼，我們必須把相應這個直覺的命題，演證為一個定理，或者定為一個設準。

強調這方面邏輯細節的益處，在下述情形的定義中，更為顯著。這種情形就是，在一個名元下，統合許多異類的性質。這是因為，在這種情形中，這每一異類性質，即使分離地都可能為一性質，但這不足以說，它

們組合起來， 也可能爲一性質。 如果這些異類性質之相容性未能建立起來， 則我們容易犯沙齊里 (Saccheri) 所揭發的「複合定義的錯誤」。

問 1 ： 歐基理德在他的≪ 幾何原本 ≫的開頭所提出的所謂定義， 是眞正的定義嗎？ 爲什麼？

問 2 ： 向來有人把定義認爲是一種豐富的原理， 從中可導出諸定理的一切重要性質。 其理由是什麼？

6. 演證與定義

從上面的討論， 我們可以清楚， 如果一個演繹理論要滿足邏輯要求， 那麼， 在其開頭所須出現的， 不是傳統上放在那裏的三種「原理」：即定義， 設基和設準， 而是未演證的命題 （叫做設基或設準都可）， 和未定義的名元。所有在其後的運算， 都以這兩者爲基礎。藉演證的支持構作新命題。藉定義的引介構作新名元。這樣， 演證和定義， 是一個演繹理論， 藉之而發展的兩個基本運算。然而， 一個好的演證或好的定義， 必須滿足什麼條件呢？ 問題的間答， 要看我們賦給這些運算的目的而定。在這一點上， 幾何學的古典研究， 又常常再欠精確。幾何學的古典研究， 似乎同時注視兩種未必相容的不同東西。顯然， 此處混淆， 由於歐氏本人者少， 由於他的著作所加諸的傳習教育功能爲多。 這個混淆， 也產自古典幾何學者， 想要把命題之事實的眞， 和命題的邏輯關連之形式的眞， 結合在一起。也就是產自想把經驗的眞確和邏輯的嚴格， 結合在一起。

如果優先考慮事實的眞， 那麼， 演證和定義， 便不過是要建立事實的眞的一種手段而已。這樣說來， 定義的任務， 將爲釐清組成命題的名元之意義； 而演證的任務， 將爲獲得這些命題之可接受性。從這個觀點看來， 定義和演證， 適切說來， 是屬於修辭上的。它們的功能， 從教學上看來， 基本上是屬於心理的。反之， 從另外一個觀點看來， 定義和演證， 具有純粹邏輯上的功能。這個功能就是， 把所有名元和所有命題關連起來， 形成

一個系統總體。現在我們可以清楚的是，心理的效應和邏輯的嚴格這兩個要求，有時會背道而馳。並且一旦接受第一個要求，則演證或定義的價值，就成爲相對的了。甚至於成爲雙重相對的了。一重相對是，演證和定義不再有好壞之別，而只有較好較壞之別。另一重相對是，這較好較壞之別，將因人而異。從教學上看，所謂好定義好演證，就是學生懂得的定義和演證。這麼一來，會發生什麼情形，不難知道。對小孩子來說，橢圓的眞正定義，不是他默記所得的，而是一種比較具體的東西，比方說：一個拉長的圓。依此，所謂好演證，不是在他練習簿上寫下來的，而寧是附隨他寫下來的東西之圖形。然而，如果一個好演證的意思就是一個有效的論證，那麼，演證的書寫要到什麼地步才停止呢？有一個關於一個貴族家庭老師的故事。他在智盡技窮之後，決定無論如何要人接受他的定理。於是他激怒叫喊：「先生呀！我發誓這個定理是眞的。」

　　其實，卽使在數學家中間，邏輯的要求和心理的要求，似乎也不是經常都有清楚的分別。要不然我們就難於理解，爲什麼有些數學家，也對使外行人驚訝的歐基理德許多演證，感到驚訝。譬如，爲什麼要麻煩利用一項深奧的推理，來使我們去相信起先一點也不懷疑的東西？爲什麼要麻煩拿較不彰明的東西，去演證較彰明的東西？鄂圖曼土耳其帝國國定邏輯書，把「證明那些不需證明的東西」，算做「是幾何學家的方法中常有的缺點。」有人還替這種說法，尋找解釋和辯護。例如，克雷洛(Clairaut)就說⓫「這不足爲奇，歐基理德要找麻煩去演證，彼此相截的兩圓沒有相同的圓心；去演證，被一個三角形所包圍的三角形的諸邊之和，小於該包圍的三角形的諸邊之和。這個幾何學家，需要說服那些以拒斥最彰明昭著的眞理爲榮耀的頑固詭辯者。因爲這樣，所以幾何像邏輯那樣，必須依據形式的推理，以駁斥那些詭辯者。」他又說，但是，形勢已倒轉了。所有有

⓫ *Elĕment de gĕometrie*, 1741; 由 Gonseth 所引，見 *La gĕometrie et le problĕme de l'espace*, t, Ⅱ, 141.——原註。

關在常識上已經事先知道的〔命題的〕推理，今天已不被理睬了。這種推理，只是用來隱蔽眞理，和使讀者厭煩而已。」哲學家叔本華 (Schopenhauer, 1788-1860, 德國哲學家) 對演證任務的基本觀念，並不比克雷洛寬大。他把歐氏的方法，及其執迷於以推理代替直覺，批評爲簡直是「荒謬的」。他說，歐氏的作法，就像一個人應剄掉兩條腿，以便能夠用「T」字杖來走路。

然而話得說回來，這看來荒謬之事，也許正應使人想到，歐氏的意圖是否被誤解。巴斯哥曾把幾何的推理當做致信藝術的典範。但把幾何的推理本身當做說服術的一部分，並不意味，這是其首要和基本的功能。實際上，一般所接受的觀點是，許多歐氏的命題，在他以前已被人知道了。同時所有幾何專家都承認這些命題爲眞。這幾乎是不可置疑的。〔雖然這些命題爲眞，但它們是彼此不關連的。〕因此，用一種系統的方式，把它們關連起來，是必要的。這種系統化的工作，顯然是歐氏想要完成的一樁事。而他實際完成的，也就是這椿事。把數學命題系統化，也愈來愈成爲數學所要做的工作。從克雷洛的時代以來，形勢又倒轉過來了。波查諾 (Bolzano, 1781-1848, 哲學家神學家邏輯家數學家, 生於布拉格 (Prague) 說，「在所有爲眞的判斷所成系統中，有一種客觀的關連。這種關連，獨立於我們主觀是否知悉它。就藉這關連，某些判斷就成爲其它判斷的基礎。」⑫ 細心探究這些客觀的關連，後來就成爲演繹理論中演證的眞正目的。這麼一來，演繹理論的命題之事實的眞，和主觀確定性，便一道被拋棄了。於是，數學便設基化起來。在十九世紀初葉，有一個哲學家已完全清楚強調，知識和數學演證這兩個觀念的分離。在今天這個哲學家大半被忽略。他就是蘇格蘭學派所造成的不名譽的犧牲者斯圖奧 (Dugald Stewart, 1753-1828, 蘇格蘭哲學家)。他說，「數學中的推理所致向的⋯

---

⑫ *Philosophie der Mathematik*, 1810; 由 J. Cavailles 所引，見 *Mèthode axiomatique et formalisme*, pp. 46-7——原註。

…不是要就事實的存在探索其『眞理』，而是要找尋從一個所認定的『假設』跟隨而來的諸歸結之邏輯由來。如果我們從這假設正確的推理，則顯然在完成這結果的證據上，就不缺少什麼。這是因爲，這結果只斷說假設和結論之間的一種必然的關連。『眞』和『假』這名詞，不能應用於假設和結論。至少就它們可應用於和事實有關的命題，這一意義來說，它們是不能應用於假設和結論的……如果我們稱我們的命題爲眞或爲假，則所謂眞假這形容詞，應僅僅了解做和『材料』（data）的關連，而不應指和實際存在的事物相對，或指和我們期待將來實現的事件相對應。」⓭

　　正如我們對演證的性質，是要給與心理的任務（同意的決定），還是要給與邏輯的任務（把命題組織成一個系統）呢，感到舉棋不定，我們對定義的任務，也感到舉棋不定。有時，我們要定義成爲思想上的事；有時，要它成爲語言上的事；最常見的是，要它同時成爲這兩方面的事。正如定義這個名稱所提示的，它一方面要替一個概念的意義，畫定界線；另一方面又要在新名元和一組已經介紹過的名元之間，建立邏輯的等值。如果我們認爲，同一個手段能同時完成這兩個目的，那就錯了。這種舉棋不定的情形，甚至在準當代的數學中也可發現。我們來看看，潘迦列對皮亞諾(Peano, 1852-1932, 義大利數學家邏輯家)學派算術符號化中，有關數1的定義之嘲笑。他諷刺地說，「眞是一個好定義，這個給數1所做的。好到沒有人聽見過所表示的。」⓮

　　設基法的一個立卽可見的益處是，它可藉純理數學（形式的科學）和應用數學（事實的科學）之區分，來避免上述種種混亂。或者說得更精確些，設基法逼我們從對一個而且是相同的一個數學理論的兩個解釋中，依據我們的主要興趣，是在邏輯的首尾一致，還是在經驗的眞，明白選擇其

⓭ *Elements of the Philosophy of the Human Mind*, 2nd edition, Volume Ⅱ, Edinburgh, 1816, pp. 157-9.——原註。

⓮ *Science et methede* p. 168.

中一個解釋。

問1：當心理的效應和邏輯的要求互相背馳時，我們最好怎麼辦？

問2：叔本華說的， 歐基理德的作法 ， 就像要一個人劃掉兩條腿， 以便能夠用「T」字杖來走路。你認為他的話說得如何？

問3：你知道皮亞諾怎樣定義數1嗎？

二．設基法：起始階段

7. 設基法的誕生

只要我們繼續把幾何想做是事實描述的， 則其形式表現作法， 可視為是一種理知的奢侈品。從幾何乃事實描述的觀點看， 那些成串的論證，由於是獲致眞命題的一種手段， 或是利用修辭上的論證， 從先前已知或已承認的命題， 獲致其可接受性的一種手段， 所以， 如果其邏輯的完美有什麼缺少， 而要拿直覺來彌補時， 便得以容忍了。這是因為， 目的已達， 而結論的確定性不受影響。可是， 當面對一個以上的幾何時， 情況就不同了。這時， 我們不再關心幾何命題在事實上是否為眞的問題了。我們所關心的是， 給幾何提供一個邏輯的基礎。這麼一來， 卽使是最輕微的邏輯上的毛病， 也足使整個幾何體系崩潰。這也意味着說， 依靠直覺就會違反遊戲的規則。〔這裡所謂遊戲，是指一個演繹理論的建造而言。〕

那些繼續堅持幾何命題之事實的眞的人， 也因為一再發現空間直覺的不可靠， 而感到尋找幾何之邏輯基礎的迫切需要。整個幾何歷史顯示， 幾何不斷限制其範圍， 並且也不斷要加強邏輯的要求。不過， 自十九世紀以來， 這種趨勢和「解析的算術化」一起， 獲得一種新動力。〔由這動力激起了許多非歐幾何。這些非歐幾何的特點是， 排除直覺在幾何的地位。〕這些排除直覺的幾何， 才能對邏輯謹嚴要求的動力， 有所貢獻。這種幾何產生以後， 直覺的錯誤提示， 和無可置疑的演證之結論， 這兩者間若干驚人的背馳， 才顯著起來。這麼一來， 向來人人確信不疑的命題， 變成站不住了。反之， 從前被人毫不猶豫就丟棄的命題， 卻被顯示為可證明了。

第一個企圖去做幾何設基化的人是帕斯克 (Pasch) ⑮。他在 1882 年做這項工作。他的解決卽使還有古典經驗性幾何的所有缺點，但是，它至少把問題清楚提出來。他說，「如果幾何要變成一門眞正的演繹科學，則幾何中所行的推演方式，根本需要完全獨立於幾何概念之『意義』，和獨立於圖形。幾何中需要討論的，就是由那些擔當定義任務的命題，所斷說的幾何概念之間的關係。在演繹過程中，記住所使用的幾何概念之意義，是得當而有用的。但這決不是非要不可的。其實，人們在而且只在下述情形下，才會不適當地拿幾何概念之意義，去當做證明之手段。這個情形就是，演繹中出現空隙，並且又不能藉修改推理來彌補這缺陷。」

現在，我們可以把一個完全嚴格的演繹系統，所必須滿足的基本條件，列舉如下：

1. 明文列出始原名元 (primitive terms)，做爲後面定義之用。
2. 明文列出始原命題 (primitive propositions)，做爲後面演證之用。
3. 始原名元之間的關係，應爲純粹的邏輯關係。這關係要獨立於可賦予名元的任何具體意義。
4. 只有這些純粹邏輯關係，可出現在演證中。演證要獨立於邏輯關連中的名元之意義。（尤其要排除依靠圖形。）

問：邏輯的完全與實用的方便互相衝突時，該怎麼辦？

8. 一個系統中所預設的東西

帕斯克所提的規則，把在一個設基系統中所「特有」的名元與命題，和在邏輯上「優先」於這個系統的名元與命題，劃得一清二楚。就幾何來說，除非我們使用諸如，冠詞「the」，「而且」(and)，「凡」(all)，「不」(not)，「是一」(is a)，「如果…則」，等等這些具有邏輯功能的字眼，否則在始原命題中出現的嚴格的幾何概念，就不能組成命題。

---

⑮　H. Pasch, *Vorlesungen uber neuer Geometrie*, 1882, p. 98.——原註。

同樣，沒有一個演證，能單單依靠系統內的命題來完成。這是因為，當我們要使用這些命題來構作演證時，我們需要諸如涵蘊的傳遞性等的推演規則。因此，若干邏輯知識——理論的或實用的，就要預設在裡面。因而，就設基化的科學來說，邏輯便「優先」在裏頭。

　　一個幾何系統，除了預設邏輯之外，通常也預設算術。為了定義「三角形」，我們需要使用數3。為證明三角形諸角之和等於二直角，我們需要承認有關加法的算術定理為有效。一般說來，一個系統依此方式而依據的知識，叫做優先在該設基系統的知識。有一點要注意的，這就是，如果一個設基化的科學，是以純形式系統表現出來，那麼，就這一目的所需預設的東西有兩種。一種是就其完全的意含所了解的概念。〔所謂完全的意含所了解的概念，是指這種概念可能具有實質的意含，而不是僅僅具有邏輯意味的意含。〕一種是就其有實質意味為眞的定理。〔相對於這一所論的設基化科學而言，這些預設的概念，可以叫做**後視概念** (metaconcepts)；這些預設的定理，可以叫做**後視定理** (netatheorems)。〕〔例如，古典幾何演繹系統便預設算術系統和古典邏輯。此時，算術系統和古典邏輯中的概念，便要以其具有實質意味的意含來了解。同樣，算術系統和古典邏輯中的定理，便要以其具有實質的眞的意味來了解。〕

　　通常在不知不覺中這種依靠邏輯優先的原理作法，是和設基法的精神相違背的。因為在設基法裡，每一樣東西都得明文表示出來，並且不作任何預設。當然，我們要在設基系統建造的開頭，就把要預設的科學列舉出來，用以解決這項困難。話雖然這麼說，但是，這種單純的形式處理法，實在並不足夠解決與設基法的精神有關，而發生的一些困難問題。這些困難問題也和設基法爾後的發展息息相關。例如，下面便是一個這類的困難問題。我們可能像邏輯嚴格的要求那樣，從幾何到算術，從算術到邏輯，把科學設基貫徹到極限，以致把在每一階段為設基化系統所預設的（**因此也就是外於這系統的**）東西，都吸收起來嗎？並且也在同樣方式下，

完全消除任何直覺的預設嗎？或者，畢竟會因技術的限制，在把設基法應用於邏輯和算術時，也要使用邏輯甚至算術嗎？試如潘迦列說，「不用半個數的名稱，或者不用『幾個』這一字眼，或是表示數的字眼，要來構作一個〔算術〕詞組」，是有困難的⑯。算術家和邏輯家要「枚舉」他的命題和定理；要「計數」他的始原概念的數目。有些在算術中成立的概念，甚至比邏輯的概念還清楚呢。

再說，要精確地劃出一個科學所特有的概念，和邏輯上優先的概念，這兩者之間的界限，並不都是容易的。例如，有些幾何學書上告訴我們⑰，「直線 a 通過點 A」。「通過」這名詞，似乎是屬於幾何學的字彙。但是因為我們可用「點 A 屬於直線 a」這種說法，來避免使用「通過」這一字眼，同時，又因為個元在集合裡的分子關係（一線可視為一個由點所成立集合）是一個邏輯概念，所以，「通過」一詞在這裡應算做邏輯名詞。其次，我們也可看到下面兩個詞組：「在平面外的一已知點」和「在球表面外的一已知點」。「在…外」這一語詞，要歸於那一類呢？在第一個情形，我們得簡單說，該點不屬於該平面。因而，「在…外」這一語詞，在這系統中，是一個邏輯語詞。但是，在第二個情形，這一語詞有更多的意思。在這系統中，這一語詞不但有「該點不屬於該球表面」的意思，而且另外還有「該點不『落在』該球表面」的意思。因此，「在…外」這一語詞，在這系統中，必須視為嚴格的幾何語詞。

有一點順便一提，這就是，我們可以把在一個系統中始原名元的羅列，視為是多餘的。這是因為，這些名元都可在始原命題中找到。當然，在早期的設基系統裡，並沒有注意到這一點⑱。不過，有時我們不容易在

---

⑯ H. Poincare, *Science et Methode*, p. 166.——原註。
⑰ 下面的例子引自 Padoa, *La Logique Deductive*, Rev de Met, et de Morale, Nov. 1911, pp. 830-1.——原註。
⑱ 這種名元與命題處理的不同，是名元理論落後的一個怪結果。外行人常把定義算做原理，就是名元理論落後的一種例示。對這現象，柏樂 (Padoa) 曾說，雖然我們常久以來已

始原命題中，辨認那些名元是所論系統所特有。因此，我們便有把它們淸楚蘆列出來的迫切需要⑲。

問1：歐氏幾何預設那些理論？試舉例說明看看。

問2：試在你所知道的設基系統中，舉出其始原名元和始原命題。

9. 不能定義的名元和不能演證的命題。等體諸系統

有一個最顯著的地方，可以看出，一個演繹理論是否以設基化的形式展現出來。那就是，一個設基化的理論，在開始的時候，會把不能定義的項目和不能演證的項目，全部明文列舉出來。不過，這種說法需要做解釋或修正。

第一，在定義和演證還沒有引進以前，在一個系統的開頭，把所有始原名元和設準，全盤提出來，在邏輯上並不是非要不可的。對那些其複雜性超過某一程度的設基化理論來說，這種做法，不但會妨碍系統的展演，而且也得不到什麼有益的補償。在這種設基化理論裡，下述做法比較好。這個做法就是，一面逐步進行系統的推展，一面和相應的設準一起，同時引進新始原名元⑳。只要以明文方式做這，就可依我們的需要，孤立地

使用專技名詞「postulate」（設準）來指稱未演證的命題，但一直就沒有給未定義的名元，創造過什麼名詞。這也就是說，後者因用得太少了，所以便沒有需要簡稱它〔在英文中有「primitive」這字可用——英譯附註。〕又也沒有對應於「定理」（theorem）這字而用來指稱被定義的名元的字。——原註。

⑲ 因爲每一系統必有預設的東西，而這些預設的東西，往往與該系統的始原命題混在一起在系統中出現。因此，如果不把始原名元蘆列出來，我們就不易認出那些名元是該系統所特有的，那些名元是優先的預設所有的。例如，現行的一般數學教課書上，「集合」這個概念是其中一個基本的概念。但它是否爲該書所展演的系統所特有的始原名元，或是僅僅是優先於該系統的東西，很不易辨認出來。但戈代爾（K. Gödel）在他的 The Consistency of the Continuum Hypothesis 一書中所展演的系統，一開始便明文規定，「class」，「set」，和「relation ∈」，是它的始原名元。這樣就很明白了。

⑳ 例如1965年臺灣東華書局版《新標準高中數學》第一册所展演的幾何系統，其二十二個設基便是在系統的推演過程中「陸續敍出」的。例如，平行設基在第七章才出現。

又如 K. Godel 在他的 The Consistency of the Continuum Hypothesis 裏，把設基分成四個 Groups 每一 Group 都羣集地列出來。在每一 Group 的設基之間，還雜有定理和定義。但他的四個 Groups 的設基都在第一章列完。

或羣集地引進來。同時，一個未定義名元和未演證命題，必須要在藉此名元和命題而導出的名元和命題引進之前引進來。就在這種相對意義上，那些未定名元和未演證命題，才叫做「始原」。❷❶

正如我們只在相對意義上，了解所謂「始原」和「開頭」這些字眼，我們也應在相對意義上，了解所謂「不能定義」和「不能演證」這些字眼。因為所謂不能定義和不能演證，只有相對意義，所以為恐誤解，我們將盡量避免使用它們。一個名元，一個命題，只在某一特定構作的系統之內，才是不能定義不能演證的。因此，如果把一個系統之基礎加以適當的改變，則那些先前在原系統內不能定義的名元和不能演證的命題，都變為能定義和能演證的了 ❷❷。讓我們時時記住歐基理德幾何這個例子。歐氏幾何的平行設準，決不是不可能演證的。例如，如果不用平行設準來演證三角形諸角之和為二直角；或演證對應於一個圖形，可構作任何與該圖形相似的圖形；或演證通過一角內部之任一點，可構作一條截兩邊的直線——，那麼，如果我們以上述那些要演證的命題中任何一個為設準，則只要把上述演證的程序倒轉過來，我們就能演證平行線之單一性。同理，要把那些名元當做一個理論的基本名元，是一件取決的事。不過我們得知道

---

❷❶ 從一個系統內來觀照，才有所謂「始原」。一個始原名元或始原命題在一系統內，具有語法的優先性。這也就是說，在系統的推展上，它們的出現必須先於藉它們而來的其它名元或命題。

❷❷ Frege 以 ⊃ 與 ~；Russell 以 ∨ 與 ~；Brentano 以 • 與 ~，等等當始原名元。這些名元之間可互相定義如下：

$(p \rightarrow q) = \mathrm{df} \ (\sim p \vee q)$

$(p \& q) = \mathrm{df} \ (\sim p \vee \sim q)$

$(p \rightarrow q) = \mathrm{df} \sim (p \& \sim q)$

$(p \vee q) = \mathrm{df} \sim (\sim p \& \sim q)$

$(p \vee q) = \mathrm{df} \ (\sim p \rightarrow q)$

$(p \& q) = \mathrm{df} \sim (p \rightarrow \sim q)$

又如 P.H. Nidditch 在他的《命題演算法》(*Propositional Calculus*) 一書所推展的系統裏，把 $[(p \rightarrow q) \rightarrow (q \rightarrow p)]$ 及 $(p \rightarrow p)$ 當設基用。但 D. Hilbert 在 *Principles of Mathematical Logic* 裏，却把它們當定理來演證。

見 P. H. Nidditch, *Propositional Calculus*, New York 1965, p. 8.

見 D. Hilbert, *Principles of Mathematical Logic*, New York, 1950, p. 32.

的，始原名元表列的任何更改，就意味對應設準的更改。這是因為，設準
是陳示這些名元間之關係的命題。㉓

這樣，當我們論及一個演繹系統時，得注意不要把「系統」一詞的兩
個意義混錯。「系統」的一個意義，是指藉之而組成一個系統的始原概念
或導出概念，以及始原命題或導出命題，等等這些的總和。「系統」的另
一個意義，是指我們所能構作的某某邏輯組織體系。以第一種意義來了解
的一個系統，適合於種種設基化的表現。這也是說，以第一種意義來了解
的一個系統，可以用種種不同的第二種意義來了解的系統來表現。這樣，
這些第二種意義的種種不同的系統表現，其彼此間可叫做**等體**（equiva-
lent）。這麼說來，歐氏幾何的所有設基重建，都是等體的。這是因為，基
本上它們含有同一個集合的名元和命題。它們彼此間的不同，只是始原名
元導出名元和始原命題導出命題，等等的安排不同而已。更一般和更精確
說，所謂等體諸系統，就是，兩個命題系統為等體，如果其中一個系統的
每一命題，可以單單以另一個系統的命題為基礎來演證，並且反過來也一
樣；兩個名元系統為等體，如果某中一個系統的每一名元，可以單單以另
一個系統的名元為基礎來定義，並且反過來也一樣。

問1：為什麼所謂始原名元和始原命題只有相對的意義？

問2：什麼叫做等體諸系統？

10. 以設準來定義

設準的邏輯地位，現在可得清楚了。設準並非被斷說為真，並且由之
而衍生其它真理的東西。設準只是為導出某一命題集合，或為求得什麼樣
的衍子為它們所涵蘊，而採為假設的東西。同時我們也知道，要從設準
做正確的推理，它們一點也不必要為真。這是因為，推理的有效性獨立於

㉓ 義大利學派已經以了解始原命題與普通命題的關係，把始原名元與普通名元的關係弄清楚了
。然而我們應注意的，從邏輯的觀點看，雖然我們要使那一命題或那一名元具有優先性，是
隨意定奪的。但這並不是說，它們的優先性可以亂定。——原註。

命題的眞假❷。 可是， 始原名元的邏輯地位如何， 似乎沒有那麼直截了當。因爲， 若使我們可以抽離命題的眞假而行推理，那麼， 準此而說， 我們也可以完全抽離名元的意義而做推理嗎？如果一個東西的意義完全被挖空， 我們怎能對它說話呢？ 即使是假設性的話？ 假如我們一方面不能定義一個名元， 另一方面又不願容納其原來的直覺意義， 我們怎能同意一個意義呢？因爲， 除非我們堅持要忽略名元在設基化以前的經驗意義， 否則在爾後的推理中， 我們實在非常容易在不知不覺中，把這經驗意義賦給它們。這麼一來， 會偸偸把一種主觀而又多少含混不顯的不明文的元素引進系統。對上述問題， 我們的囘答只有一個。這就是， 諸名元的意義決定它們在設準中我們怎樣使用它。這些設準即陳述這些名元間的邏輯關係。❷這種特定一個名元意義的程序， 實在說來， 並不是一種定義。

----

❷ 這就是說，推理的有效或無效，是獨立於據以推理的前提之眞假的。 也就是說，(1) 眞的前
提既可構成有效的推理，也可構成無效的推理; (2) 假的前提既可構成有效的推理， 也可構
成無效的推理。現在依次擧例如下：
  (1) 紐約在中國或在美國。（眞）
    紐約不在中國。（眞）
    所以，紐約在美國。
    此推理有效。
  (2) 如果蘇格拉底會死，則孔丘也會死。（眞）
    孔丘會死。（眞）
    所以，蘇格拉底會死。
    此推理無效。
  (3) 二加三等於六或四加五等於三。（假）
    二加三不等於六。（眞）
    所以，四加五等於三。
    此推理有效。
  (4) 沒有馬愛吃草。（假）
    有些愛吃草的不是牛。（眞）
    所以，沒有馬是牛。
    此推理無效。
❷ 例如，設 a, b, c，都是數，$\triangle$ 爲未被賦與經驗意義的名元。下面是某一系統的設基組：
  1. $(a \triangle a)$
  2. 如果 $(a \triangle d)$，則 $(b \triangle a)$。
  3. 如果 $(a \triangle b)$ 並且 $(b \triangle c)$，則 $(a \triangle c)$。
這三個設基把 a, b, c 之間的邏輯關係展示出來。從這些邏輯關係， 我們至少可把符號「$\triangle$」
了解作「＝」（等號）。這也就是說，這三個設基共同把「$\triangle$」之經驗的意義決定出來。

這是因爲它並沒有在新名元和已知名元表式之間，建立一種邏輯定義。但是因爲它完成一個定義的功能，亦卽它劃定一個名元的意義，所以我們把它視爲是一個隱含定義。這個隱含定義的觀念，是葛貢 (J. D. Gergonne, 1771-1859) 引進的。他寫道，「如果一個詞組含有單獨一個意義未知的字，那麼，這個詞組的斷說，就足夠把該字的意義弄清楚。」例如，有人認識『三角形』和『四邊形』這些字眼，但他從來沒有聽過『對角線』這個字眼。現在如果有人告訴他，一個四邊形的每一對角線，把該四邊形分成兩個三角形，則他立刻會曉得對角線是什麼。而以這種方式，更容易使他曉得對角線是什麼，因爲這是唯一能把一個四邊形，分成三角形的一條線。這種利用詞組中其它字眼的已知意義，而把其中某一字眼的意義顯露出來的程序，可以叫做**隱含定義** (implicit definitions)。與此比照起來，通常的定義叫做**顯明定義** (explicit definitions)。㉖這種隱含定義，並不特殊。小孩子就是以這種方式，學習他的語言中大半字眼的意義。在物理科學中，我們也常用這種程序。譬如，我們常藉暫時採用的概念來建立一條定律。然後這定律又幫助我們獲得有關這些概念的精確意義。從這一事實，我們發現科學的**名目主義** (scientific nominalism) 之觀點。這個觀點就是，定律常常只是隱匿的定義。例如，落體定律就定義「自由」落體。定比定律把「組合」與混合的特徵區分出來。等等諸如此類的定律都是。這種間接定義可比做一元方程式，其中未知元的值，由整個方程式來決定。

只有單一的值滿足方程式時，例如上面葛貢所舉的例子，這種決定方法不會發生歧義。但並非所有情形都這麼簡單。譬如，當我們討論多元方程組時，常有幾組，甚或無限組的根可滿足。例如，下面的方程組就有無限組的根：

㉖ Gergonne, *Essai sur la thẽorie des definitions*, 1818, pp. 22-3,由 F. Enriques 引於 *L'ẽvolution de la logique*。——原註。

$$\begin{cases} y = 2x \\ z = y + x \end{cases}$$

在某一意義上，像這種方程組之根是可決定的。因為一旦我們把某一任意的值賦給其中一個未知元時，別的未知元的值，也就馬上決定了。但這樣做時，這項解法就不是個別的，而是羣集的。這樣解法較之個別解法是屬於更抽象的性質。譬如在這個例子中，y 恒為 x 的兩倍，而 z 恒為 x 的三倍。顯然，這裡所確切決定的，與其說是名元本身，不如說是名元間的關係。由設準陳示的名元間的關係所顯示的始原名元的特徵，也與上述情形類似。設準組就像多元方程組；始原名元相當於未知元。未知元或始原名元的值並不特定，而是被「隱含地」，「聯合地」，和「有系統歧義地」所決定。這種釐定名元意義的方法，是隱含定義的一個情況。這情況可叫做拿**設準來定義** (definition by postulates)。這種定義說明了當潘迦列在論及歐氏幾何的設準時，他說它們是一種喬裝的定義，是什麼意思。這就是說，歐氏幾何的設準全體，實際上構成歐氏始原名元全部的一個隱含定義。㉙

我們現在可以看得更清楚，一個演繹理論的設準因為含有相對未決定的**變元** (variables)，所以不是有真假可言的命題㉚。只當我們把特定的

㉗ 例如，「$x+2=5$」這個方程式中未知元「x」的值，是由「$x+2=5$」這整個方程式來決定的。

㉘ 可參考下節所舉皮亞諾的設基來了解。

㉙ 由設準來定義所生的歧義，對設基系統來說，不但不是一種缺點，而且是一種優點。因為這種歧義說明了科學系統的二重性 (duality)。這已經在各種不同的科學系統中看出來了。1826 年葛貢 (Gergonne) 對起始階段的投影幾何（沒有平行線的）曾詳細研究過。他把他的研究寫成兩欄（其中自右欄至左欄，點與平面這些字眼可通用而不致更動諸命題之真的）。例如，兩點決定一直線，兩平面決定一直線；不共線的三點決定一平面，不共線的三平面決定一點，等等諸如此類的二重性。當這一系統的始原名元，卽點和直線（點之集合）繼續滿足它們所出現的設準時，則以平面和平面之集合分別取代點和直線的出現，這種二重性仍然成立。這就是為什麼每一對點和直線的出現，這種二重性仍然成立。這就是為什麼每一個對點和直線有效的定理，也都對平面和直線有效，以及反之亦然的道理。——原註

㉚ 所謂相對地未決定的變元，是指這些變元不是僅僅有某一特定的常元可以代進去。它們有時可用某一集合的分子代進去。但不是宇宙間的任何「事物」都可代進去。例如，在 P. M. 的命題演算系統中的變元，只要是命題就可代進去，數卻不可以。

值賦給這些變元時，或是換句話說，只當我們拿常元去取代變元時，這些設準才成為有眞假可言的命題。〔以常元取代變元之後，一個命題就有內容。或更嚴格說，就有完整的內容。一個命題有了完整的內容之後，才有眞假可言。〕其眞假依所選常元而定。❸ 但是，當把特定的值賦給設準的變元時，我們便走出設基理論以外，而走進其應用之門了。〔這一關鍵實在非常重要。當我們把特定的值賦給變元時，我們就不再是在設基理論的層面，做純形式的研究了，而是走進經驗科學的世界了。這已不是設基理論家的世界了。〕

「數學是這樣一門科學。在它裡面，我們既不知道我們說及什麼，也不知道我們所說是否為眞。」這是羅素在檢討設基化的數學時所說警語。這話對一般設基理論也是適用的。同樣，當潘迦列說，「數學是把相同的名稱賦給不同的事物之藝術」時❸，他實際也是對一般設基理論而說的。

問：隱含定義是眞正的定義嗎？

11. 兩個設基系統的例子

雖然皮亞諾給自然數論所建造的設基系統不是關於幾何的，而且他的興趣主要在符號化的問題，可是由於，一則因為這個系統的簡潔，可讓我們看到它的全體，二則因為它可當一個簡單而顯著的系統的有歧義性質來說明的例子，所以我們選它當第一個例子。這個系統只含三個始原名元，即零、數、後元，和五個始原命題。下面就是從其符號表示譯成日常語言的五個始原命題：

1. 零是一數。

---

❸ 一個設準如果是一個恒眞言，則無論什麼樣的常元（當然要合乎範域的要求）代進去，所得的命題都眞。如果它是一個恒假言，則無論什麼樣的常元代進去，所得的命題都假。如果它既不是恒眞言，也不是恒假言，而是一可滿足式，則有的常元代進去得眞命題，有的常元代進去得假命題。

❸ 這就是說數學所研究的完全是抽象的元目，或是說純形式的東西。一個形式可能有許多事物能適用它。這一形式或元目，便是該許多可適用的事物之共同的名稱。

2. 一數的後元是一數。

3. 不同的數沒有相同的後元。

4. 零不是任何數的後元。

5. 如果某一性質屬於零，並且如果當這一性質屬於某一數時，也屬
   於該數的後元，那麼，這一性質就屬於所有的數（歸納原理）。㉝

我們現在可以看到，利用頭兩個命題，便能怎樣定義數「一」，然後定義數「二」，等等了。在這些始原命題基礎上，算術的基本概念和命題，都可以定義和演證出來。不過這些始原名元的標準解釋，並不是唯一能滿足這組設基的解釋，因為這一組設基並不是無歧義地〔亦即並不是獨一無二地〕決定一組具體的命題。例如，像羅素所指出的，如果我們把日常的意義賦給「後元」，但把「零」了解做任一所予的數比方說 100 吧，並把「數」了解做自 100 開始的每一個數，那麼，這五個設基仍然為真。當然，從這五個設基導出來的所有定理，也仍然為真。同理，我們可給「零」賦予它日常的意義，把「數」只了解數對〔即所謂偶數〕，並把「後元」了解做一個之後的次一個〔即後兩個〕；或是以「零」代表數 1，並把「後元」了解做一半，那麼，「數」就指稱: 1，$\frac{1}{2}$，$\frac{1}{4}$，等等這個序列中的每一個名元。所有這些解釋，以及其它容易理解的類似解釋，都認定一個共同的形式結構。上述設基組就把這個共通的形式結構明白顯示出來。這個形式結構所描寫的特性，嚴格說來，並不是任何限定意義的算術，而是極其一般性的一個結構——即級進繩（progressions）的結構。自然數序只是可為這個結構所指的許多例示中的一個而已。再說，其它可能的例示，並不是如上述例子可能暗示的，只限於算術範域中的子範域而已。級進繩一樣能出現在數以外的其它元目。譬如，它也能出現在點或瞬間。

其次，我們要素描一下希爾伯（D. Hilbert, 1862－1943, 德國數學家）給歐氏幾何所做的設基化系統。並把這系統當做我們的第二個例

㉝ 這條就是所謂「數學歸納原理」。

子。㉞希爾伯的主要興趣在命題。他並不十分關心把始原名元減至最少的問題。他允許把始原名元編入設基中，而不有系統地把它們分別列舉出來㉟。不過，他的系統中有兩個特色值得注意。

第一，他並不滿意僅僅精選和列舉設基（他那時候還有若干設基只是暗中出現）。他要進一步根據設基所使用的基本概念，把設基分為五組。並且堅持要精確劃定，被每一組單獨或數組共同所支配的諸定理的範距。例如，第一組要建立諸如點，直線，和平面等等的概念之間的關係。描述投影幾何性質的，就是這一組。（這組計有八個設基。其中例如有：兩點決定一線；在一直線上至少恒有兩點；在一平面上至少有三個點不在一條直線上。）第二組是有關次序的。這組決定「在中間」（介於）這一詞的意義。這些是拓撲上的設基。（這組有四個設基。其中例如有：如果 A, B 和 C 都是一直線上的點，並且如果 B 在 A 和 C 之間，那麼，它也在 C 和 A 之間。）第三組包含六個全等或幾何相等的設基。（例如其中有：如果 A 和 B 為直線 a 上之點，A' 為直線 a' 上之一點，那麼，在 a' 以及在 A' 之一邊上，有而且只有一點 B'，使得線段 $A'B'$ 和線段 AB 全等。）第四組只由一個設基組成。這個設基就是**平行設基**。最後一組設基講**連續**問題。這一組由兩個設基組成。其中一個叫做阿基米德（Archimeder）設基。這個設基大意是說，自點 A 開始延一線重復劃一線段，則這樣劃的線段，恒能通過該線上的任一所予點 B。

第二，希爾伯開創一種新的研究。這種研究變成任何研究設基法工作

㉞ *Grundlagen der Geometrie*, 1899。在以後的版本裏，希氏做了許多小的修改。本書參考的是1909年第三版。（現在已經有英譯本了，1959 年由 Open Court 出版，——英譯註。）但我們應記住的，在此書中，「axiom」（設基）一詞，已不再帶有自明之理和定律的觀念了，而僅僅把它看成假設性的原理。因此，從「axiomatics」的觀點看，以「postulate」一詞取代「axiom」，幾乎是勢所必然的。——原註。

㉟ 早在 1882 年，帕斯克已經以四個始原名元（點，線段，平面和可叠在上面）把歐氏幾何的所有名元定義好了。隨後（1889, 1894），皮亞諾以帕氏的研究為起點，把始原名元減至三個（點，線段，運動）。自此以後不久，Pieri(1899) 和 Padoa(1900) 又把它們減至兩個（前者為點和運動，後者為點和距離）。希爾伯並不貫徹這些減少的工作。稍後 (1904)，Veblen 出版了一本減少了始原名元的歐氏幾何的設基系統。——原註。

中最重要事項。這種研究就是有系統研究他的設基系統的非矛盾性，以及其構成單元的相互獨立性。〔這種工作對設基系統的研究所以非常重要，是因爲，如果一個系統是矛盾的，意卽我們不但能從這一系統導出任一命題或句式 A，而且也能導出 $\sim A$，則我們就能導出該系統的所有命題或句式。這樣的系統少有價值。又如果一個系統的構成單元相互不獨立，則大半有損系統的經濟和美。〕爲證明非矛盾性，他給他的設基系統構作一種算術解釋。這種算術解釋可使任何可能在該系統中出現的矛盾，也必會在此算術解釋中顯示出來。這樣，如果這算術解釋爲一致，那麼就可保證諸設基的一致。在另一方面，他以下述方式證明某一設基獨立於其它設基。這就是，看看可能不能構作一個不含該設基的一致的系統，如果可能，則該設基就獨立。其實，第一個非歐幾何就這樣檢證了平行設基的獨立性。同樣，希爾伯構作一個非阿基米德幾何，證明連續設基的獨立性。

12. 模型與同構

　　一個留在設基化期前階段的理論，叫做具體的、經驗的，或直覺的理論。 ㊱這就是說，這種理論與其所組織而成的特殊知識連繫在一起，因而既未與意義分離，也未與經驗的眞分離。傳統上在學校所教的舊氏幾何就是這種理論。正如我們已經知道的，設有一個具體的演繹理論，則我們恒可在不同基礎上重建這一理論。這樣，自歐基理德以來，初級幾何教本的不同作者，提出相同的知識結構時，或多或少都會修改這個設基期前的歐氏幾何。只要我們優先考慮這個理論的內容勝於其它一切要素，則這些形式的不同，就很不重要。可是，一旦我們不計及其內容時，這些形式的不同，就有新的重要意義了。我們確實可這麼說，就只有經過設基化而獲致抽象的結果，這些形式不同的充分重要性，才會被看出來。在此意義上，我們可把某一具體的理論，和跟這一理論對應的諸設基系統，比照看看。

㊱ 當然，這些名詞僅僅就與更抽象的，形式的和邏輯特性的相應的設基系統，相比較的相對意義來說的。——原註。

例如, 希爾伯的設基系統, 只是可適合歐氏幾何的許多系統中的一個而已。

現在我們來看看, 一個具體理論的諸多設基化系統中的一個。因爲名元的意義, 因而也包括所有命題的意義, 只是部分地受設準的限定; 所以, 如果有若干值系同等地滿足這些設準所陳示的關係, 那麼, 我們就能把不同的具體解釋, 賦給這些設準。㊲ 換句話說, 我們可在這些設準的不同實現中做選擇。一個設基系統的這些具體實現, 叫做模體(models)。㊳ 當然, 那個原來的具體理論, 也就是那個提供做爲這一設基系統的資具而大致展示其邏輯結構的具體理論, 也是這一設基系統的一個模型。因此, 就像在有關皮亞諾的設基系統中所看到的, 一個設基系統可適用於不同的實現。而這些實現可遠在原先所予範圍以外做研究。這麼一來, 我們現在研究的, 是同一個設基系統的諸多解釋或諸具體模體的問題。

當諸模體只可從其名元之不同的具體解釋做區別, 並且當我們爲做形式設基化, 從這些模體做抽象, 而所得抽象體完全相合時, 這些模體爲同構 (isomorphisms)。同構的模體, 實際上具有相同的邏輯結構。設基法的特別目的, 就在尋求諸表面上相異的具體理論之同構關係。這樣, 就可把藏在諸具體理論背後的抽象模體系統的單一性, 顯現出來。事實上, 如果我們引伸模體一詞的用法, 則正如同任何一個這些具體理論是相應的抽象理論自身之一個模體, 這一具體理論也是這些其它具體理論的一個模體。㊴

㊲ 這也就是說, 這一系統可以有好多應用。一門形式科學之有助於許多經驗科學的研究, 其道理就在這裏。

㊳ 這一詞在設基法上的用法, 並不暗示任何原型上的優先性。這一詞用來指對某一具體的原初理論, 所做的各種不同解釋的某種類似。該具體的原初理論自身, 也是從它所建造的設基系統的一個模體。「機械的模型」 (mechanical models) 這個觀念在英國的物理學家中, 或許也把這名詞了解做本體的意義。——原註。

㊴ 如果一個設基系統的所有模體都同構, 則它叫做獨構的 (monomorphic) 〔或categorical ——英譯註〕 設基系統也有多構的 (polymorphic)。 我們要注意, 如果一個系統是不完備的, 則它的各不同的模體並不都一樣。因爲非完備性的意思, 就是至少有兩個形式上相異的模體。然而完備的系統也可具有非同構的模體。推句話說, 完備性是獨構的必要但非充分的條件。〔但獨構却是完備性的充分條件——英譯註〕——原註。

這麼一來，有三種不同標準可用來區分演繹理論。我們在下面做這些區分時，應隨時記住歐氏幾何這個例子。首先，如果我們修改歐氏設準之一個或多個，則在歐氏幾何以外，我們可獲得其它理論（例如，洛白徹（Lobatchovisky）幾何，非阿基米德幾何，等等。）這些幾何可以說是歐氏幾何的「鄰近」或「親族」。所謂幾何的多數性，就是指這些多數的鄰近或親族而言。現在，如果我們任取這些幾何中的一個，那麼，因為我們可有好多方式來重建其邏輯結構，我們又有形式多樣彼此等體的若干設基系統。最後，如果我們選取這些設基系統中的一個系統，通常我們可給它找出不同的解釋。而這些解釋是否再有不同，要看諸模體是否同構而定。這樣，除了有不同的幾何以外，一個幾何也有不同的設基化系統可供選擇。此外，一個設基化系統也有不同的模體可供選擇。因為「理論」一詞既可適於指稱一個設基化系統，也可適於指稱其具體解釋之一個，所以我們務必要清楚，避免把相關的設基理論，等體諸理論，和同構諸理論，等等混錯。

問1：什麼叫做模體？什麼叫做同構？

問2：我們可有那些標準來區分諸演繹理論之不同？

13. 一致性與完備性。可決定性

雖然就某一意義來說，當做一個設基系統基礎的設準，可以任意選擇，但這不是說，可以亂來。設準的選擇，要依設基系統的某些不同重要程度的內部考慮來定。

這些考慮中，最重要的一個，顯然是一致性的問題。如果一個系統的不同設準互不相容，那麼，這個系統是矛盾的。當然，有時候為理論上的目的，我們要放棄這個要求，或者甚至故意造做一個有矛盾的系統。譬如，有時假定某種謬誤來進行論證。但是，這只是例外的情形。在通常情況下，非矛盾或者所謂**一致性**（consistency），是一個設基理論的絕對

必要條件。❹實際上，矛盾系統的一個性質是，容許導出任何命題。這也就是說，在一個矛盾系統裏，其任何命題及其否定，都可以導出來。這種不確定性，使得這種系統完全無用。❹

那麼，我們要怎樣決定一個設準組是眞正一致呢？靠直覺是不夠的。從另一方面說，如果我們已經進行一個長序列的導衍，而仍然沒有遇到矛盾的話，似乎有理由假定是一致的。尤其是如果這一設基系統是一個具體的理論，因世世代代的發展而根深蒂固時，更會令人完全相信這一理論是一致的。例如，就沒有人懷疑基本算術系統或歐氏幾何系統的一致性。然而，這種臆測（尤其是尚未訴諸檢試程序的）絕非確定不移的根據。因為，沒有什麼可以保證，不會有意想不到的矛盾會出現。也沒有什麼可以保證，在超過一定的發展階段以後，仍然不會遇到矛盾。實際上，也發生過這種情況。集合論裡的**悖論**(paraodx)，就是一個例子。設基法的實際目的，本來就是要滿足長久以來所感到的諸理論之邏輯嚴格性的需要。而設基法本身，對這項需要更為迫切。因此，要顯示自身是否一致，要以眞正的演證代替經驗性的檢式來做。這種演證，實際上是可以辦得到的。但這得等到設基系統符號化和形式化這最後階段才可以（第三章）。並且，這項演證只在一個很有限的程度內才能成功。❹

如果沒有上述適當的演證，我們仍有兩種方法來建立一個理論的非矛盾性。第一種方法是，把要演證的系統「化成」某一個在先理論（prior theory）。這裏我們假定有一個在實用上已建立為非矛盾的系統。例如，假定古典算術或歐氏幾何為非矛盾。然後，給所要討論的系統構作一個解釋，使得這個解釋可適用於這一在先理論（或其一部分）。這樣，為某一

---

❹ 如果再進一步分析，我們就能够區分非矛盾性與一致性，以及區分各種不同的一致性的概念，等等。——原註。

❹ 不一致的系統不但可導出「p」，而且也可以導出「～p」。p 與 ～p 連在一起構成矛盾言。以一個矛盾言為前件所構成的如言為套言。這就是說，其後件不論眞假這個如言都眞。於是一個不一致的系統什麼都可導出來了。

❹ 參看本書第 20 節。

系統所假定的非矛盾性，就轉移到另一個系統去了。顯然，這種證明只是條件性的。但是，如果適當地選擇那個當檢證的理論，則這種檢證適於實用。當潘迦列給洛白徹幾何做歐氏幾何的解釋時，我們就停止懷疑前者的一致性了。歐氏幾何本身曾被希爾伯做一個算術的解釋。這種解釋增加了歐氏幾何一致性的概率。我們常拿古典算術當做檢證的理論。

第二種方法是，替要受檢證的理論找出事物世界的一個「實現」。使用這種方法，我們不把要受檢證的理論，和某一其一致性比較有根據的在先理論，關連起來。使用這種方法要做的，和第一種方法比較起來，是把要受檢證的理論降到具體的世界來，而給設基理論構作一個物理模體。因為，對一切存在的東西，我們很有理由證實其可能。所以，這個物理模體的存在，保證其對應的設基理論的一致性。古典幾何經驗解釋的成功，不是終究強迫我們不需要更多的證明，就承認這個幾何之首尾一致嗎？不是終究也強迫我們不需要更多的證明，就承認反映這個幾何的邏輯架構的設基系統之首尾一致嗎？

矛盾原理告訴我們，兩個彼此矛盾的命題 P 和非 P，不能同眞。這兩者，至少有一個爲假。我們習慣把這個原理和排中原理關連在一起。所謂排中原理是說，這兩個命題不能同假；卽至少有一爲眞。這兩原理結合起來，可得所謂擇一原理。所謂擇一原理是說，像這樣的兩個命題，一個爲眞，一個爲假。相當於以矛盾原理爲基礎的所謂一個系統的一致性，也有以排中原理爲基礎的所謂一個系統的完備性。我們稱一個設基系統的設準爲完備（complete），如果在這一系統內正確構作的兩個彼此矛盾的命題，至少有一個恆可演證。一個系統除掉完備以外，如果還一致的話，那麼，在此系統內所形成的任何命題及其否定，我們恆能演證其中一個，而且僅僅一個。換句話說，我們恆能演證或否證系統內的任何命題。也因此，就這一設準組來說，我們能斷定任一命題爲眞或爲假。我們稱合乎這些條件的系統爲強完備（strongly complete）。〔所謂強完備的系統，就

是一個既一致又完備的系統。〕

這種強式完備性，只是極少數的系統所具有的特色。除此以外，還有較弱式的完備性。這種完備性是說，對一個系統內的任何命題，如果不是能演證它或拒絕它，則至少我們恒能決定它是否可演證，或者是否可拒絕。這樣，這種系統可說是**可決定的** (decidable)。㊸這個可決定性，也只是少數較為簡單的系統才有。㊹

當然非完備性和非可決定性，都是不完美的。但這種不完美，卻不像不一致性那種邏輯的缺點。所以，完備性的要求，通常不被視為像一致性那麼迫切。

問 1：什麼叫做一致性，完備性，和可決定性?

問 2：什麼叫做強完備？試舉例說明看看。

問 3：檢試系統的一致性有那些方法？

14. 獨立性與經濟性

我們也常希望一個系統的各設準彼此**獨立** (independent)。所謂一個系統的各設準彼此獨立是說，我們可修改其中任何一個設準，但不會使該系統產生矛盾。要確定一個設準是否獨立，我們可用下述方法來檢證。那就是，試修改這一設準，但不變動其他設準。然後對新系統進行導衍。如果這種導衍仍然保持一致，則該設準的獨立，便建立起來。反之，如果有矛盾產生，此外如常有的情形，即如果該設準的修改是以其否定而取代的，則所得結果並非單純否定的，〔亦即並非僅僅顯示該設準為不獨立而已，可能還顯示其它有用的東西。〕〔當我們拿這一設準的否定，加以導衍時，如果導出一個矛盾的話，那麼〕這個導衍的命題序列，依導謬法（歸謬法）即構成對這一設準的一個演證。上述情形告訴我們，

㊸　這是所謂「決定問題」(decision problem)。所謂決定問題，是指給一個演繹系統找出一個普遍的方法，用來決定任何這一系統內的句式或敘說，是否是這一系統的一個定理。如果可以找到，這一系統就叫做可決定的。

㊹　如作進一步區分，則可清楚地看出，某些系統可以既完備又不可決定。——原註。

獨立性的證明和導謬法的證明之間，有某種關連。那就是，其中一個的失敗，保證另外一個的成功。因爲這樣，所以，拿導謬法去演證平行設準徒然無功的結果，卻在十分無意之間，構作了第一個非歐幾何。同時利用諸設準的一致性，也因此證明了平行設準的獨立性。就如所知，希爾伯以同樣方式，建立了阿基米德設準的獨立性。不過，他這次卻是有意去做的。

　　一個設基系統設準的獨立性，並不是非要不可的。如果這條件沒滿足，僅僅是有多餘的始原命題而已。爲着經濟的利益，通常我們總希望把始原命題的數目減至最少。所謂兩個設準彼此不獨立，是說其中一個可直接或依導謬法從另外一個演證出來。如果某一設準不獨立，則把其演證放到定理的演證，並把它列爲定理，要更合乎演繹法的精神。❹

　　經濟的考慮，雖然是美學而非邏輯的，但在設基系統的建造上，仍佔重要地位。設基系統和一般演繹理論的理想，當然是要把始原名元和始原命題的數目減至最少。許多人的心神，就花在這項工作上。不過，在某一階段精簡的獲得，卻往往只是另些階段複雜的增加。這種兩難局面，只能依美學或教學的理由去解決。一方面要減少始原名元和始原命題的數目，另一方面又要把始原命題的長度減短。這是很困難的事。語言基礎的縮少，通常都要拉長其中的討論。此外，除非設基系統的使用，可使我們逐漸熟悉其中始原名元的意義，否則，如果在所要應用的範圍內，沒有直接和該系統的任何始原名元相對應的元目，那麼，如果我們把這一系統簡化，結果只會使得此一系統的具體應用，變得更爲複雜。卽令撇開解釋的問題不談，就是爲研究的方便，我們也得犧牲某種程度的最簡單性的理想。

---

❹ 這也就是說，假如 p 和 q 爲互不獨立的設基。意卽可自 p 導出 q 或可自 q 導出 p。那麼，我們最好只把其中一個當設基，而把另一個放在待證的定理中。這種作法是爲經濟和美學的。假如這兩種考慮的結果，會使得某些定理的證明過於複雜，這種犧牲相當必要。

問1：什麼叫做設準的獨立性？

問2：獨立性的考慮是否絕對必要？

問3：一致性證明和獨立性的證明，有什麼邏輯關連？

15. 系統變弱與系統變強

設有一個相容而獨立的設準組。我們也可用下述方式變造一個系統。那就是，不修改其中某一個設準，但僅僅把它取下來，同時又不變更其它任何一個[46]。經這樣更動以後，這個系統就**變弱了**（weakened）。這是因為，這麼一來某些導衍要被消除。同時，在另一方面，也因容許某些可能的導衍而擴大了這個系統。這些新的可能，正是那個被取下來的設準所要排斥的。換句話說，在邏輯內容上這個系統縮小了，但其衍子的範距卻加大了。例如，如果否定平行線的唯一性，而把歐氏幾何的其它設準原樣保存，則可得洛白徹幾何。這洛氏幾何雖與歐氏幾何不同，但這兩者卻具有相同的邏輯特徵。反之，如果我們完全不決定平行線的可能數目，也就是說，我們不以平行設準中之一個取代另一個，而僅僅把平行設準取消掉，並把它看成是系統中的空隙，則可得更普遍的幾何原理。在這更普遍的幾何原理中，歐氏幾何和洛氏幾何，都只是其中的特例而已。

我們也可向反方向進行。這就是，把一個或多個和一系統原有設準相獨立的設準，添加給該系統，用以加強和限制該系統。不過，這樣做時，通常很快就會遇到障礙。這個障礙就是，如果再添加任何其它獨立的設準，會使該系統產生矛盾。當一個系統達到這個地步時，就是**強完備**了。

問：什麼叫做系統變弱和系統變強？

---

[46] 意即設有一系統相容而獨立的設準 p_1, p_2, p_3。現在我們把 p_3 取下來，而僅僅留下 p_1, p_2 作為設基來發展系統。

三．形式化的設基法

16. 符號化

當我們以設基法的形式，提出一個演繹理論時，我們的目的，在消除這個理論原來依以建立的那些具體而直覺的意義，而把這個理論的抽象的邏輯結構，清楚地顯示出來。就如在希爾伯的例子中可看到的，在這一方面，較早的設基系統有許多缺點。例如，他要我們忘記其理論的專門名元的意義，而把點，線，和平面，僅僅看成滿足諸設基的「東西」。但是保存點，線，和平面這些名元，與其說會消除我們把特定的解釋賦給它們的自然傾向，不如說會助長這種傾向。當幾何圖形被自由地用來例示行文時，傾向這種解釋的誘惑，幾乎是不可抵抗的。這就使得我們易犯正應防範的錯誤。這錯誤就是，把一種可流動的意義，保留給被設準明文支配的名元，彷彿在系統的開頭，設準就把這一多少未決定的意義帶給這些名元，並且在演證過程中，不知不覺就使用這意義。這麼一來，保留熟悉的名元，就成為希望從一個理論的邏輯核心，把所有直覺內容清除的一個致命障礙。

從上面分析，立卽可以知道，我們需要做的，是用完全淘空了意義的符號，去取代那些指稱基本理論概念，而仍賦有直覺意義的文字。這麼做時，這些符號就可美妙而精確地表達設基所賦給的意義。例如，我們不說，一點在一直線上，卻用字母「J」表示接合關係；用英文大寫字母表示點，小寫字母表示直線，而把這一命題簡寫為：

$$J\,(A,a)$$

從這個例子可以看出，我們不僅可把一個理論所特有的概念符號化——在我們的例子是幾何概念——而且，還可把關係邏輯符號化。 ㊼ 從某一理論的觀點看，把關係邏輯符號化，無可否認的，不是絕對必要的。這是因為為所予理論所預設的理論（在這例子中是算術和邏輯），是為運算目的而引進來的。當這些理論引來後，我們是以其通常意含來了解它們。但是，就在為向來不具符號的理論，創造符號表示時，如果不去利用已有的符號表示，是不合理的。譬如，算術長久以來已有符號表示。邏輯也有其自身的符號表示，雖然為時還不很長。〔在為幾何符號化時，我們實在不必再為算術和邏輯另創新的符號表示了。〕大家所知道的，自十九世紀中期以來，邏輯在數學家之手已完全修改和擴展了。數學家是仿效他們自已的科學，沿着符號表示的途徑，來進行這項工作的。當布爾（G. Boole' 1815 - 1864，英國數學家）以及他的門人，以代數模型從事邏輯演算的建造時，以皮亞諾為首的義大利學派，也在做邏輯算術的建造工作。義大利學派的邏輯算術，還特地為數學式子的需要，設計特別符號。很自然的，當數學設基化的先鋒，注意到義大利學派的研究以後，便促成完全以符號形式，提出設基系統的風潮。在接近十九世紀末葉，皮亞諾就是以這種方式研究他的算術的。

　　和上述符號化的要求有所不同，但就影響趨向這種完全符號化的來說，更為重要的，是形式化的要求。雖然符號化和形式化是兩個相異，而且在理論上又分離的運作，但是，事實上這兩者的關連是很密切的。形式化使得符號化更容易進行。而實際上，前者也需要後者。

㊼　關係邏輯是現代邏輯重要的一支。這一邏輯是 1840 年代 De Morgan 所引進的。關係邏輯的引進，使邏輯超出了狹小的古典邏輯，而擴大其範圍。現在的多元述詞邏輯就是關係邏輯。關係邏輯可與現代集合論的有序集合的理論對應起來。

17. 形式化

　　一旦我們確信終極的邏輯要求已經滿足時，一個新而更精細的要求，又接着出現，而要我們去注意它了。從經驗幾何到演繹幾何，從歐氏式幾何到設基化式幾何，從普通設基化法到符號化設基化法，在這每一步驟上，從邏輯觀點來說，我們似乎以極大獲益，把直覺消除。可是，我們現在已達到極限了嗎？而這終極的階段是眞正最後的嗎？從演繹理論有效性的研究，我們已成功地驅走每一直覺和主觀元素了嗎？

　　演繹理論把諸始原名元之間所繫邏輯關係，用符號形式陳示的始原命題提出來。由於這些邏輯關係只是當做假設提出，所以只要其彼此相容，我們就會承認它們。但是，在始原名元和始原命題提出以後，我們只接受爲始原名元所定義的新名元，和爲始原命題所演證的新命題。〔由此可見，演繹理論一旦形式化以後，便嚴謹起來了。〕這麼一來，只要滿足下述條件，我們便得無可置疑地採用新名元和新命題。這條件就是，定義的規則和演證的規則獲得同意，演繹技術（亦卽邏輯）絕對精確和完全普遍。如其不然，如果對定義的規則和演證的規則可能產生歧見，或是對定義或演證的某一步驟的邏輯可接受性，可能產生爭辯，則此設基化本身，對某些人來說可能無懈可擊，但對另外些人來說是有邏輯缺點的。

　　這種情形確曾發生過。特別是當設基系統初次建造時，格外顯著。例如，發生在和康托（G. Cantor, 1845-1918, 數學家）的集合論有關的所謂「數學基礎的危機」，就曾在數學家間引起極深的歧見。這些爭論和通常發生在科學中的有所不同。這些爭論不是那些限於某一特殊問題的問題。這種特殊問題在專家之間，很快會很坦誠而無異議來解決。但是，上述數學基礎的爭論，顯然是對原理問題所產生的基本上的歧見。這種歧見起自基本上相反的心靈態度。一個在某一理論家看來完全清楚的定義，在另一理論家看來，會認爲完全缺少意義。一個在某一理論家看來沒有缺

點的演證，在另一理論家看來，會認爲極不可接受。一個在某一理論家看來，是一切思想必備條件的邏輯原理，在另一理論家看來，會認爲只在一個有限範域內才有效。

在這項爭論中，在劃定歧見界線的同時，如果又要保證對爭論雙方具有某種共同的根據，我們可有什麼步驟可採取呢？唯一可能的途徑，是對我們據之以推理的邏輯規則，加以詳密的研究。那就是，要把這些邏輯規則，全部明文形構出來。在做這項工作時，我們必須採取像在處理設基時所採取的那種離意的態度。換句話說，我們不應以定言或斷說的方式去處理那些規則，而應把它們當做假設來看。因爲，正如我們不事先決定那一組爲眞，而能允許不相容的設準組（例如，歐氏的和洛氏的，等等），我們也能在一個抽象設基系統的開頭，接受不同的邏輯規則；並且因而也接受對同一設基系統的不同方式的發展。正如卡納普（R. Carnap, 1891-1970）說的，邏輯是一種道德；其中沒有什麼規定該做或不該做的問題，一切只是約定而已。〔這就是說，依卡納普的見解，道德的問題只是約定的問題，而不是天然的問題。同理，邏輯也是一種約定，其中基本地沒有所謂必然範疇。〕每一個人只要清楚而詳細展示他的邏輯，並嚴格遵守他所設的約定，那麼，他就可自由地依據自己的要求，去建造他的邏輯。這就是〔卡納普〕所謂「語法之容忍原理」。這麼一來，在一個設基化理論的發展中所做的邏輯錯誤的修正，不再有任何絕對意義了。雖然這麼說，可是相當對於某一規定原理而有一個「錯誤」時，仍要有某種程度的客觀性。當面對一個設基系統，〔而有「錯誤」發生時〕，我們所處情境正像兩個遊戲的人，對遊戲規則有歧見。如果他們沒有看到這些規則在遊戲開頭就已明文定好，並經過同意的話，他們就不在玩一個而且是同一個遊戲，或者根本就不在玩任何遊戲了。反之，如果在開頭時就把歧見明白說清，譬如說，他們決定選擇使用其中一組規則，那麼，他們就不需互相指責誰欺騙誰而可繼續玩下去。〔邏輯規則的〕有效性問題，可用這方式在

一個新標準上予以回答。正如從具體理論進行到設基化理論那樣，一個系統的命題自定言性變成假設性（即以中立地位當一個設準組的分子），我們現在也可把一個設基系統的形式有效性，往後移一步，而把它視爲依所選邏輯規範而設的假設性的東西。

約自 1928 年以後，演繹理論應以上述方式形式化的觀念，愈來愈普遍爲人所接受。自此以後，實際上大家接受的，是要消除有效性主觀批評的可能性，並且要以精確而詳細的方式，把支配一個系統建造的定義和演證規則，陳示出來，以便先行預告歧見的存在。卽使那些不把邏輯的律令當做絕對來接受的人，以及那些支持邏輯的直覺的人，都發現他們不得不採取這種方法。因爲，如果不採取這種方法，他們就不能在面對反對者時爲自己辯護。這麼一來，他們就著手去做一些奇怪的東西，如所謂「直覺主義邏輯的形式規則」，和建立一個「直覺主義形式系統」了。㊽

問1：符號化和形式化的過程有什麼區別？

問2：「數學基礎的危機」是指什麼？

問3：什麼叫做「語法之容忍原理」？是誰提出來的？

問4：「演繹技術的完全普遍」是什麼意思？

18. 從推理到演算

如果我們繼續以不精確和不規則的日常語言，來表示演繹系統，實際上，顯然就不可能滿足上述那些嚴格性的要求。因此，形式化要預設符號化。㊾一個形式化系統是由一個記號組，和一個敍述操作這些記號的規

㊽ 指 L.E.J. Brouwer 等所做「直覺主義邏輯」。
㊾ 這就是說，從日常的推理到形式的演證，必須經過符號化的程序。這不但是因爲日常語言不精確和不規則，而且自然語言似乎天然就缺乏可演算性。通常從推理到演算要經過如下的程序：
　　語言──符號化──形式化。
從語言到符號化是一種記號的過程，而從符號化到形式化是一種心理的過程。前者是簡化的工作。後者是意義淘空的工作。

則所組成的。 這些記號， 有些是這一系統所特有，[有些是在邏輯上在先這一系統的。這些規則通常分爲兩組。一組是支配詞組形成的構作規則（其中包含定義規則）。 另一組是支配詞組變形的演繹規則。 證明就依據這組規則。 第一組規則的目的， 是要我們不可能懷疑，一個詞組是否合規而可接受。第二組規則告訴我們，一個演繹是否構作得當，而可把其結論當做此一系統的一個定理。這些規則對終究要把什麼樣的解釋，賦給名元和句式， 沒有任何限制。這些規則所涉及的只是此一系統的詞組的形式結構， 亦卽只涉及在版頁上， 一行接一行的連續書寫的標號而已。嚴格說來， 它們只是演算的法規。它們可比做棋藝的規則。這種規則告訴我們，開始要怎樣擺棋， 以及棋擺好以後， 每一棋子可能怎麼走。我們再也不能依靠任何直覺的自明之感覺， 來接受一個邏輯序列了。 現在， 我們要做的， 是自一個或多個起初當設基或定理來接受的句式出發，以連續步驟進行， 實施一連串基本變形，直到到達所求句式爲止。每一進行步驟都要顯示出來。每一步驟要參閱規則號碼。㊿ 這種做法和早期邏輯家所做的， 僅僅把所包含的邏輯規則全部重新安排者不同。這是因爲， 對心智來說，我們現在已經不把符號當做所符示東西的複製品，而是把注意點放在符號本身。這就是說，把符號的意圖解釋放在一邊，而暫時集中注意到符號的運算任務上。這樣， 符號自身好像就是我們所要處理的究極題材。

由於邏輯嚴格性的要求，已經成功地毀壞對感性直覺的信念， 尤其是

㊿ 例如，我們舉一個自然演法的演繹證如下：

1. $[A \lor (B \rightarrow D)]$
2. $[\sim C \rightarrow (D \rightarrow E)]$
3. $(A \rightarrow C)$
4. $\sim C$ $/ \therefore (B \rightarrow E)$
5. $\sim A$ 3,4,MT.
6. $(B \rightarrow D)$ 1,5,DS.
7. $(D \rightarrow E)$ 2,4,MP
8. $(B \rightarrow E)$ 6,7,HS,

此演證引自 I. M.Copi, *Symbolic Logic*, 2nd edition, 1965, New York, p. 42.

對圖形的信念，因而，我們必須把信憑僅僅放在嚴格的演繹上。由於感性直覺的不可靠，使得我們必須把推理自身，不管是緘默的或說出的，要拿在紙上以固定而可看到的記號所做演算來取代。然而，在把推理的工作放在可看到的書寫記號上時，我們就不再在原來出發的思想層次上工作了。雖然如此，可是，從一開始考慮進向抽象和普遍性時，我們就堅持對符號，做終究解釋或是許多選擇解釋的可能。❷同時，我們也得到很高標準的確定性和客觀性。只要所使用的記號數目有相當限制，只要記號的選擇分明而不混亂，只要記號的使用有明文規定而沒有不一致和歧義的情形，那麼，就沒有嚴重歧義會發生。正如在規定良好的遊戲裡，玩者的任何位置，不是被承認就是被否認。但不能既被承認又被否認。同樣，玩者的任何移動，也是不是被承認就是被否認。但不能既被承認又被否認。引用卡維雷 (Cavaillès) 的話來說，「當推理被寫下來時，可用肉眼看到的結構，會出賣任何不適當的步驟。」❸當推理用記號寫下來時，如果有錯誤，就會像算術演算的錯誤，棋子的不當下法，或在文法明確的語言裡違反文法那樣，可立即看出來。正如萊布尼茲所希望的，形式演算已變成日常推理的合法繼承人了。

問: 把邏輯推理演算化有什麼好處?

19. 後視數學

當我們把符號自身當做研究的題材，而不再把它看做媒介物時，新的眼界就展現了。現在，我們的興趣集中在一項簇新的元目系統。根據一定精確法則，這元目系統可互相關連在一起，可彼此分開來。這元目系統也易於變形。對數學家來說，這些變形會使他們想起幾何的運算，甚或組合

---

❺ 這就是我們往後一步來考察符號。從研究的層次來看，這是高一層次的研究。這種研究卽卡納普所謂的語言的語法層相。

❷ 一個符號系統通常可有多於一個以上的具體解釋。

❸ J. Cavaillès: *Méthode axiomatique et formalisme*, p. 95.——原註。

問題。記號自身連同支配其使用的法則，會「定義一類型的抽象空間。這抽象空間的相數，和構作不可預見的組合之自由程度一般多。」㊹這麼一來，便產生一門簇新的科學觀念。這門科學的題材，不是句式要指及的數學元目，而是從句式內容抽推出的句式自身。這些句式，通常是預設數學元目而構作的。現在把它們從數學元目中完全分離出來，而當做另外一種研究的終極題材。**後視數學** (metamathematics) 和數學式子的關係，正如普通數學和數自身的關係。領導這個新境界研究的又是希爾伯。1917 年起，他在哥丁根大學領導這種研究工作。正如他的名字和設基法歷史發展的第一階段連在一起那樣，他的名字，事實上，也和設基法歷史發展的第二階段連在一起。

這個發展並不完全偶然。 後視數學起自好幾個不同研究線索的會合點。 首先，我們只需看看已經討論過的兩道思想線索的合流。 其中一道是，起自對幾何邏輯基礎的反思。爲完成這項基礎，便走向設基法。另一道是，藉代數方法改造邏輯本身。這項改造成功地把邏輯重造爲一種演算法。在這些研究的交互影響下，設基法便變成一種演算法，而邏輯也依次而設基化了。其次，我們要看的是，數學基礎這個重要問題的討論所取方向，而導致的形式化的採用。形式化的採用，可使爭論的問題，拿反對純形式研究的人也會接受的方式構作出來。車美洛 (E. Zermelo) 就曾企圖解決這項數學基礎的問題。他早期所用方法，從現在眼光看來是素樸設基法。他這種研究結果，恰好更堅定經驗論數學家和直覺論數學家的態度。例如，蒲洛爾 (L. E. J. Brouwer, 1881-1966, 荷蘭數學家) 及其學派的學說，就因此而得到更強的立足點。 當然， 這種僅僅注意書寫記號的作法，在某一意義上，是一種返回直覺自明之理的作法。因此，如果以嚴格科學方法和從名元之數學意義（根據直覺論者，在某些情況下，這意義是沒有的，例如，在包含實有的無限觀念的情形）抽象出來，而把注意力單

㊹ J. Cavaillès op. cit, p. 93.——原註。

單放在符號間的具體關連，而可能檢試任何競爭的演證的話，這問題就會在雙方都滿意下，完全解決。這種研究法的改變，包括放棄數學元目的範域，而改以用來代表數學元目的記號為範域；也包括拿隨時可予以檢查的記號來運算，而不拿許多人會感到模糊或沒有意義的觀念來運算。這種研究法的改變，在不犧牲形式的嚴格下，使我們站在直覺論者也熟悉的立足點上。有關可點數無限的問題，現在變成了有關緊援所予的有限個記號的問題。同時，甚至要求最嚴格的邏輯家，必也歡迎其自身也可演證的「演證理論」的形成。

其次，要是我們因此就認為，後視數學已隨意創設新問題，那是一項完全的誤解。正相反的，後視數學是在希爾伯和其它所有設基法理論家，在研究設基法的開頭，必須面對的若干問題所帶來的。這些問題中，較特別的是設基組一致性和獨立性的證明問題。這些問題及其伴隨的問題，諸如，完備性，可決定性，等等，適當地說，並不是數學問題。這是因為它們所涉及的，不是數學元目本身，而是指及這些元目的命題。❺❺因為後視數學的問題，既然這麼成為所有設基法研究的中心問題，所以對於它們那麼迫切需要升至需要嚴格方法學來處理的科學論理的地位，不足驚訝。這正是後視數學自設的工作。例如，非矛盾問題和可決定性問題，是後視數學最重要的一些問題。我們已經看到，早期的設基法家怎樣解決這些問題。他們解決的方法，或是訴諸一個具體模體或實現（這除了訴諸經驗以外，不是恆為可能的），或是把待檢試的理論，化成其非矛盾性被預設的某一個在先理論（這只是把問題挪後一步而已）。另一個做法是，把問題全部轉換。那就是，現在不去尋找一個首尾一致的解釋，用以檢試一個理論是否可能。現在要做的是，設有一組表示待證系統的設基句式。這些句式嚴

---

❺❺ 這是象目語言 (object language) 與後視語言 (metalanguage) 之別。依卡納普的說法，所謂象目語言是指說及某一系統的語言；所謂後設語言是指我們說及象目語言的語言（見 R. Carnap. *Introduction to Semantics*）。由此可知，所謂數學的命題是指說及數學元目的命題；所謂後視數學的命題是說及數學命題的命題。

格地被此系統內定義好的規則所支配。然後構作一對句式。其一個句式只以下述方式和另一個不同。那就是，把否定號放在其中一個前面，就把此一個轉變成另一個。然後看看，是否在此一系統內可同時導出這一對句式。如果這種導出那證明為可能，就證明此一系統為不一致。否則，就證明此一系統為一致。

問: 後視數學研究那些問題?

20. 一致性證明的限度

在做上述種種證明時，還有一個要件必須顧慮到。那就是，不論要討論的數學理論是多複雜，多不確定，不論用來表示此一理論的句式多複雜，多不確定，如果要避免循環論證，後視數學的證明必須只用最簡單最沒有爭論餘地的演繹推理串列，以及會使注意力周密的讀者接受的方式去做。雖然這種僅僅關心記號的做法，會使我們從抽象元目返回到可用肉眼看到的資具。可是，當對這些記號做推理時，我們是依靠理知，而非依靠感官的。但這裡所謂依靠理知，僅僅指對規則的了解，以及對是否正確使用規則的判斷等而言。但是，不論我們依據的是感官直覺，還是理知直覺，這直覺一定要直接而無人質疑才行。

但是，只要有效性的主觀判斷，還有運用的餘地，嚴格的形式論者就仍然不會滿意。於是，就有一個問題產生。這就是，我們是否可能把後視數學的演證步驟，納入其一致性即待證明的理論之內。如果可以，則這一理論的一致性之獲得建立，即同時建立了此一後視數學的推理自身。由於戈代爾（Gödel, 1906-78, 生於捷克，美國邏輯家）發明的「語法算術化」所陳示的巧妙程序，這種想法變成可能。他這項程序叫我們能夠在算術內，構作邏輯的算術語法。其作法如下。在表示算術語法的符號和普通算術的符號之間，規定一種對應。同時，又安排語法語言的每一式子，有而且只有一個算術式子的翻譯。其次，又只用下述方式建立這種對應。這

就是，在算術上表示一個語法語言的命題的每一命題，其自身在算術上應為可演證的。同時我們就要在算術內表示算術語法。

關鍵的問題是：算術的一致性能在這語法語言內獲得證明嗎？戈代爾在他的算術化的設計上，獲得的最重要一個結論是：證得不可能有任何這種證明。戈代爾證明了後視數學上兩個最著名的定理(1931)。頭一個說，一個一致的算術必定是一個不完備的系統，而這一系統必包括若干不可決定的話語。第二個是說，「該系統是一致的」這個斷說本身，也是其中一個不可決定的話語⑯。

這個應用嚴格形式方法所獲得的結果，顯然是負面的。這結果也為隨後在密切相關的領域中，所獲得的類似結果所印證。這個負面的結果，事實上是無比重要的。它絕不是後視數學史上的一個小插曲而已。後視數學的研究，已把絕對有效演證的舊理想，重造為一個新形式。這新形式就是構作一個形式系統。這一形式系統的自足性，可在其自身的範界內安置其自身。可是，這新理想之不可實現，現在終於被證明了。因此，現在，即使在典型的演繹科學 —— 設基化的數學 —— 數學理論家也必須遵從他們原先希望塗去的眞理與可證性之間的區別。⑰眞理的概念遠比可證性廣得多。這是因為，一方面，即使在所有數學的最基本部分，不但包含尚未決定的命題，同時也包含基本上不可決定的命題——即本身及其否言都不可證的命題。在另一方面，形式論者所主張而直覺論者所反對的排中律，保證我們，任何這兩種命題中，有一必為眞，即使我們不能決定到底是那一個。這麼說來，我們不得不接受，在任何設基化的數學內，總有不可證明的眞理。因此，即使像算術這樣有限度的形式語言，其一致性只有在其界

---

⑯ 這裏戈代爾的證明涵蘊在一個演證內，不可能包括所有的演證條件，而總有演證條件落於演證以外。這原為若干數學家的理想。此一理想經戈代爾的證明而被敲破。此處原譯使人看不懂這個意思。

⑰ 現在戈代爾的證明告訴我們，眞理和可證性畢竟是兩囘事。邏輯和數學所研究的是可證性，而不是眞理。

線以外才可證得。㊹

問：一致性證明的限度，在知識論上顯示什麼重要性？

21. 邏輯的設基化

類似後視數學所涉及的問題和困難，也發生在邏輯。後視數學的研究和邏輯的研究，關係非常密切。當設基理論在其搖籃時代，邏輯被認爲是最基本的學科而具有特權地位。一個設基化的理論，是要把它當初依以建立的名元和設準的日常意義和眞理剝除掉的。但在剝除這些意義和眞理時，它還是要訴諸其意義和眞理被預設的在先理論。邏輯似乎就在這種意義上，爲所有其它理論的在先理論。

的確，我們可以說，邏輯自身已經設基化了。這是因爲，自弗列格（G. Frege, 1848-1925, 德國數學家哲學家）以來，尤其是自懷德海（A. N. Whitehead, 1861-1947, 哲學家數學家）和羅素的不朽的綜合以來，邏輯就採取演繹系統的形式。㊺在這種形式的演繹系統裡，一開頭就把始原名元和始原命題明列出來。可是，不幸地，它仍然只是一個具體的設基系統而已。在這系統裡，諸名元還保存有某種程度的日常意義。只不過是，這些意義經由設準所陳示的關係，而更爲明確罷了。這些設準既是始原命題又是自明的眞理。在此意義上，它們的確是道地的設基。這整個系統具有眞實意含和必然眞理。經由定義和演證，這些意含和眞理散佈到被定義的名元和被證明的定理去。弗格列和羅素的「邏輯主義」，試圖把算術建立在邏輯上。同時也試圖經由算術，把全部數學僅僅建立在邏輯上。他們的做法和一般僅僅爲附和時尚的要求，而把設基明文構作出來，在某些方面確有很大的不同。邏輯主義的目標是要揭開這要求的終極根源和基礎。皮亞諾設基系統的始原名元，相對地留着未決，因而允許任何數目的不

㊹ 所以我們不能建構一個「water-proof」設基化的數學。

㊺ 即指他們兩位合著的 *Principia Mathematica* 問世 (1910—13) 以來。

同解釋。其始原命題也同樣未決。所以，這些始原命題與其說是命題，不如說是命題函應。因此，它們既不是定言斷說，也不能從它們導出定言斷說。羅素藉下述做法，認為已把一種最後意義和真理，賦給數學原理以及所有從這些原理所做演繹。他的做法是，一，把邏輯常元想成終極而無時間性的本質，用這種邏輯常元去定義向來被視為本質上是變元的名元；二，藉被許多人想做絕對不可侵犯的思想律之邏輯原理，去演證當時尚被視為獨立於真假的設準。這樣一來，數學不再是「我們從來不知道我們在說及什麼，也不知道我們所說是否為真」這麼一門科學了。數學像邏輯那樣，是定言和演繹的科學了。因為，邏輯是數學一切材料的來源。

　　但是，對數學設基的自明真理的懷疑，立即感染到邏輯本身。當集合論的悖論出現，而其根源被察覺就在其自身的基礎以後，爭論的風暴，接着侵襲一個個原理的有效性。於是，導致向邏輯的絕對權威，首次提出質疑。約在1900年，有些邏輯家開始做新方向的工作。這工作就是從邏輯內部，逐漸分解邏輯。事實上，邏輯已必須做像早幾十年前以前，幾何所發生的轉變。正如幾何的唯一性，被非歐幾何的發現所破壞，正如幾何對直覺的依賴，被設基法的採用所消去，邏輯也開始多系體化和設基化。❻⓪由於邏輯已成為嚴格演繹的，所以也不可避免要轉變成抽象的設基系統。在建立一個演繹系統時，要消除名元的直覺意義，以防止它悄悄在隨後推理中出現的理由，對邏輯跟對任何其它演繹系統一樣，都成立。一個理論的名元，除掉用於顯示在設準中所出現的關係以外，不應當做其它任何目的來用。正如幾何命題被剝去其通常的幾何意含一樣；現在，邏輯命題也完全被剝去其向來所具有的邏輯意含。因而，變成了純形式的式子。邏輯命題，就如維根什坦 (L. Wittgenstein, 1889-1951, 哲學家) 所說的，不過是套套言 (tautology) 而已。這就是說，邏輯命題並沒有告訴我們有

---

❻⓪　並出現多個不同的系統，例如 P.M. ; Hilbert 的及 Lewis 的。

關世界的什麼。 就因爲這樣， 所以不論我們用什麼去解釋它都眞。 ㉑其次， 這種對邏輯的形式研究， 鼓舞了非古典邏輯的建造。這樣又以交互作用加強了邏輯的形式研究的效果。只要把原理僅僅當做假說性的權威來看， 則沒有什麼可阻止我們提出另外可能的原理。因此， 修改這一原理， 刪掉那個原理， 都無不可。依此， 從一個邏輯可通到許多隨意建造的邏輯。面對這種邏輯的多數性， 古典邏輯已不能再要求任何特權的地位了。這是因爲， 它也不過是許多系統中的一個而已。 ㉒並且， 也不過像其它系統那樣， 只是一個其有效性， 完全依據其內部的一致性之形式結構而已。

　　然而， 邏輯也有和幾何不相類似的地方。那就是， 邏輯並不和其形式結構要被設基化的任何在先的知識結構柜關。 話雖這麼說， 可是， 在我們還沒遇到一種逐步增加的困難以前， 我們幾乎不需要增高某些科學的階層性。 當我們不預設這些科學的某些知識， 而要把它們設基化時， 我們就會遇到這種設基化很難做的困難。這種困難就是上面所指的逐步增加的困難。舉個簡單的例子來說。在算術的開頭， 就需要引進數目的多數性。在邏輯的情況更糟。因爲， 如果不依據邏輯法則， 要怎樣判斷設基理論家的推理是可接受的呢？〔如果要依據邏輯法則， 則在把邏輯設基化時， 就要預設邏輯。〕當然，我們可在足夠小心下，做一種安排，使得支配理論家自身推理的邏輯， 反映到他正在建造的設基化邏輯系統裡。換句話說， 使得所用邏輯， 在下述意義上， 爲該設基化邏輯的一種應用。這意義就是， 所用邏輯爲此設基化邏輯的一個可能的模體。雖然如此， 可是， 使人難以應付的反對， 仍然可以提出來。第一， 我們怎能確信， 在所用邏輯和設基化邏輯之間， 有一個完全的對應呢？即使最早的符號邏輯家， 也不會沒有注

㉑ 當然這裏所謂邏輯命題，是指一個邏輯系統裏的眞命題。

㉒ 古典邏輯裏的許多「rules」，或「laws」，長期以來一直被認爲是「思想律」。 因此人類的推理必須遵守它們。這些 rules 或 laws 具有絕對性。所以古典邏輯在所有演繹科學中具有特權的地位。但自各種邏輯出現以後，使我們認識長期以來之所謂「思想律」，也只不過是許多可能的約定中之一些可能而已。這麼一來，古典邏輯自不能再有任何特權地位了。

意到一個事實。這個事實就是，形成演繹的若干規則本身，不能包含在形式化中。例如，允許拿個常元去取代一個句式中的變元，這一代換規則就是這麼一條規則。沒有這條規則，句式就沒有用。然而，任何要把這一規則符號化的嘗試，顯然要預設這一規則本身的可許力量。因此，在任何演算系統，基本上都得把設基和規則劃分清楚。這就是說，都得把此一演算由之而建造的斷說，和有關演算的斷說，劃分清楚。後者是規定演算，而在演算以外的。在試圖把邏輯設基化時，同樣的區別，也得劃分清楚。這似乎在提示我們，我們決不可希望終能把一切直覺預設消去。也在提示我們，設基化的程序包含某種無限遞退。這是因為，如果演算「之」命題能夠，並且必須看做純粹形式的，那麼，「關於」演算的命題，就不能以相同的方式來處理；後者必須保持其日常意義。〔這就是說，推理規則或變形規則本身，必須按日常語言的意義去了解。〕設有一個獨一而又絕對的邏輯。那麼，在其設基化形式和非形式的使用之間的對應，即令只是部分的，似乎是理所當然的。但是，一旦邏輯是從臨時設置的假設出發構作，這種對應就不可能了。這是因為，邏輯的多數性和差異性，就把任何要把所造邏輯，和我們實際用來建造這些邏輯對等的企圖都消除了，除非我們非常荒謬地假定，我們實際使用的邏輯是可無限變通的。

問1：邏輯的多數性產生以後，在知識論上顯示什麼重要性？

問2：在做設基化時，我們可把有關的一切語言符號的意義挖空嗎？如果不可，是那些部分不可？

22. 後視邏輯

由上面的分析看來，邏輯的設基化勢必導致某種二重性。這種二重性，至少有兩種樣態。一，任何設基構作的一個主要部分是，無論怎樣，我們都得允許一個抽象的解釋，或是一個具體的解釋。二，一個純形式的構作，預設一個對應的心靈創造活動。實際上，每一個形式設基系統，

無處不受直覺的範域所限制。在形式設基系統之上，可給予各種不同的具體解釋（也叫做模體）。其中有一個還常被選爲預期的解釋。在形式設基系統之下，有邏輯上爲優先的科學。這優先的科學以通常方式賦有意義和眞理。這科學有效地幫助形式設基系統的構作工作。現在，由於可是，如邏輯是在科學層架的底層，所以不能立足在其它任何更基本的科學之上。果我們不管這一點，而硬要把在邏輯設基化的程序中假定的原理，明文構作出來，那麼，除非完全踏出邏輯，而依據一門簇新的學科，否則無法獲致這個結果。這門學科的題材是設基化邏輯的句式和支配這個邏輯的規則。〔這門學科就是**後視邏輯**（metalogic）〕。就在這個意義上，後視邏輯和邏輯的關連，正如同後視數學和數學的關連。當然，如果我們說後視邏輯從邏輯的設基化產生出來，也許是誇張之詞。因爲，在某一意義上，邏輯家在沒有覺察下，已經經常在某一程度內，使用後視邏輯。邏輯設基化的效果，迫使邏輯家注意他們這未覺察的使用，並且也使後視邏輯和邏輯之間的區分，更爲清楚地劃分出來。簡單說，後視語言是架在形式演算或象目語言之上的。後視語言只涉及形式演算的語法規則和語意（解釋）規則。

　　當然，我們也沒有什麼不可把後視語言本身，當做一種研究對象。也沒有什麼不可把後視語言的語法形構起來，而把它安排成可設基化，符號化，和形式化的一種演繹系統的形式。然而，有一點要記住的。如果我們依此方式進行，則我們又需要一種新的後視語言了。或是換個方式說，我們又得創造一種新的象目語言了。誠然，至少在理論上，我們可無限地向上添建這個架層。「無限」一詞的意思，是指在這種遞退中，不可能達到一個極限。並且也指終究不可把直覺從設基系統中消除。

　　問：什麼叫做後視數學？後視邏輯？

設基法要義索引

——中　英——

—英　中—

本書作者著作表列

現代邏輯引論（編譯　裴森和奧康納原著　商務版）

集合論導引（譯　黎蒲樹著）

命題演算法（編譯　倪里崎原著）

現代邏輯與集合（編譯　修裴士原著）

數理邏輯發展史（編譯　倪里崎原著）

集合，邏輯，與設基理論（譯述　史陶原著）

邏輯觀點（自撰）

初級數理邏輯（譯述　修裴士和席爾合著　水牛版）

現代邏輯導論（譯述　波洛原著）

邏輯與設基法（自撰　三民版）

中國哲學思想論集（項維新合編　牧童版　已出九冊）

開放社會（自撰）

語言哲學（自撰　三民版）

政治也是要講理的（自撰）

現代詩學	蕭　蕭 著
詩美學	李元洛 著
詩學析論	張春榮 著
橫看成嶺側成峯	文曉村 著
大陸文藝論衡	周玉山 著
大陸當代文學掃瞄	葉穉英 著
走出傷痕——大陸新時期小說探論	張子樟 著
兒童文學	葉詠琍 著
兒童成長與文學	葉詠琍 著
增訂江皋集	吳俊升 著
野草詞總集	韋瀚章 著
李韶歌詞集	李　韶 著
石頭的研究	戴　天 著
留不住的航渡	葉維廉 著
三十年詩	葉維廉 著
讀書與生活	琦　君 著
城市筆記	也　斯 著
歐羅巴的蘆笛	葉維廉 著
一個中國的海	葉維廉 著
尋索：藝術與人生	葉維廉 著
山外有山	李英豪 著
葫蘆·再見	鄭明娳 著
一縷新綠	柴　扉 著
吳煦斌小說集	吳煦斌 著
日本歷史之旅	李永熾 著
鼓瑟集	幼　柏 著
耕心散文集	耕　心 著
女兵自傳	謝冰瑩 著
抗戰日記	謝冰瑩 著
給青年朋友的信(上)(下)	謝冰瑩 著
冰瑩書束	謝冰瑩 著
我在日本	謝冰瑩 著
人生小語(一)～(四)	何秀煌 著
記憶裏有一個小窗	何秀煌 著
文學之旅	蕭傳文 著
文學邊緣	周玉山 著
種子落地	葉維廉 著

中國聲韻學	潘重規、陳紹棠 著
訓詁通論	吳孟復 著
翻譯新語	黃文範 著
詩經研讀指導	裴普賢 著
陶淵明評論	李辰冬 著
鍾嶸詩歌美學	羅立乾 著
杜甫作品繫年	李辰冬 著
杜詩品評	楊慧傑 著
詩中的李白	楊慧傑 著
司空圖新論	王潤華 著
詩情與幽境——唐代文人的園林生活	侯迺慧 著
唐宋詩詞選——詩選之部	巴壺天 編
唐宋詩詞選——詞選之部	巴壺天 編
四說論叢	羅盤 著
紅樓夢與中華文化	周汝昌 著
中國文學論叢	錢穆 著
品詩吟詩	邱燮友 著
談詩錄	方祖燊 著
情趣詩話	楊光治 著
歌鼓湘靈——楚詩詞藝術欣賞	李元洛 著
中國文學鑑賞舉隅	黃慶萱、許家鸞 著
中國文學縱橫論	黃維樑 著
蘇忍尼辛選集	劉安雲 譯
1984	GEORGE ORWELL原著、劉紹銘 譯
文學原理	趙滋蕃 著
文學欣賞的靈魂	劉述先 著
小說創作論	羅盤 著
借鏡與類比	何冠驥 著
鏡花水月	陳國球 著
文學因緣	鄭樹森 著
中西文學關係研究	王潤華 著
從比較神話到文學	古添洪、陳慧樺 主編
神話即文學	陳炳良等 譯
現代散文新風貌	楊昌年 著
現代散文欣賞	鄭明娳 著
世界短篇文學名著欣賞	蕭傳文 著
細讀現代小說	張素貞 著

當代西方哲學與方法論　　　　　　　臺大哲學系主編
人性尊嚴的存在背景　　　　　　　　項退結編著
理解的命運　　　　　　　　　　　　殷　鼎著
馬克斯·謝勒三論　　　　阿弗德·休慈原著、江日新譯
懷海德哲學　　　　　　　　　　　　楊士毅著
洛克悟性哲學　　　　　　　　　　　蔡信安著
伽利略·波柏·科學說明　　　　　　林正弘著

宗教類

天人之際　　　　　　　　　　　　　李杏邨著
佛學研究　　　　　　　　　　　　　周中一著
佛學思想新論　　　　　　　　　　　楊惠南著
現代佛學原理　　　　　　　　　　　鄭金德著
絕對與圓融——佛教思想論集　　　　霍韜晦著
佛學研究指南　　　　　　　　　　　關世謙譯
當代學人談佛教　　　　　　　　　　楊惠南編
從傳統到現代——佛教倫理與現代社會　傅偉勳主編
簡明佛學概論　　　　　　　　　　　于凌波著
圓滿生命的實現（布施波羅密）　　　陳柏達著
薝蔔林·外集　　　　　　　　　　　陳慧劍著
維摩詰經今譯　　　　　　　　　　　陳慧劍譯註
龍樹與中觀哲學　　　　　　　　　　楊惠南著
公案禪語　　　　　　　　　　　　　吳　怡著
禪學講話　　　　　　　　　　　　　芝峰法師譯
禪骨詩心集　　　　　　　　　　　　巴壺天著
中國禪宗史　　　　　　　　　　　　關世謙著
魏晉南北朝時期的道教　　　　　　　湯一介著

社會科學類

憲法論叢　　　　　　　　　　　　　鄭彥棻著
憲法論衡　　　　　　　　　　　　　荊知仁著
國家論　　　　　　　　　　　　　　薩孟武譯
中國歷代政治得失　　　　　　　　　錢　穆著
先秦政治思想史　　　　　　梁啟超原著、賈馥茗標點
當代中國與民主　　　　　　　　　　周陽山著
釣魚政治學　　　　　　　　　　　　鄭赤琰著
政治與文化　　　　　　　　　　　　吳俊才著
中國現代軍事史　　　　　　　劉馥著、梅寅生譯
世界局勢與中國文化　　　　　　　　錢　穆著

滄海叢刊書目